· Food on the Rails ·

The Golden Era of Railroad Dining

“逛吃 逛吃”

铁路美食的黄金时代

[美] 耶丽·昆齐奥 / 著　　陶小路 / 译

丛书弁言

人生在世，饮食为大，一日三餐，朝夕是此。

《论语·乡党》篇里，孔子告诫门徒“食不语”。此处“食”作状语，框定礼仪规范。不过，假若“望文生义”，视“食不语”的“食”为名词，倏然间一条哲学设问横空出世：饮食可以言说吗？或曰食物会否讲述故事？

毋庸置疑，“食可语”。

是饮食引导我们读懂世界进步：厨房里主妇活动的变迁摹画着全新政治经济系统；是饮食教育我们平视“他者”：国家发展固有差异，但全球地域化饮食的开放与坚守充分证明文明无尊卑；也是饮食鼓舞我们朝着美好社会前行：食品安全运动让“人”再次发明，可持续食物关怀催生着绿色明天。

一箪一瓢一世界！

万余年间，饮食跨越山海、联通南北，全人类因此“口口相连，胃胃和鸣”。是饮食缔造并将持续缔造陪伴我们最多、稳定性最强、内涵最丰富的一种人类命运共同体。对今日充满危险孤立因子的世界而言，“人类饮食共同体”绝非“大而空”的理想，它是无处不在、勤勤恳恳的国际互知、互信播种者——北美街角中餐馆，上海巷口星巴克，莫不如此。

饮食文化作者是尤为“耳聪”的人类，他们敏锐捕捉到食物执拗的低音，将之扩放并转译成普通人理解的纸面话语。可惜“巴别塔”未竟而殊方异言，饮食文化作者仅能完成转译却无力“传译”——饮食的文明谈说，尚需翻译“再译”才能吸纳更多对话。只有翻译，“他者”饮食故事方可得到相对“他者”的聆听。唯其如此，语言隔阂造成的文明钝感能被拂去，人与人之间亦会心心相印——饮食文化翻译是文本到文本的“传阅”，更是文明到文明的“传信”。从翻译出发我们览观世间百味，身体力行“人类饮食共同体”。

职是之故，我们开辟了“食可语”丛书。本丛书将翻译些许饮食文化作者“代笔”的饮食述说，让汉语母语读者更多听闻“不一样的饮食”与那个“一样的世界”。“食可语”丛书选书不论话题巨细，力求在哲思与轻快间寻找话语平衡，希望呈现“小故事”、演绎“大世界”。愿本丛书得读者欣赏，愿读者能因本丛书更懂饮食，更爱世界。

编　者

2021 年 3 月

献给我的母亲，

玛丽·马奥尼·昆齐奥(Mary Mahoney Quinzio)，

她总是看到机会

前　言

你可熟悉这句悲叹——“没有人再坐下来吃饭了！人们就在街边或得来速（drive through）随便塞两口。那不叫用餐，只能叫半道充饥”。边走边吃早已不是什么新闻，路边摊和快餐店亦历史悠久。人们总是在旅途中进餐。我们往往对这种方便快捷的饮食嗤之以鼻，将其与真正的美食划清界限，这种态度对可供旅行者享用的无数食物是不公正的，而且有时它们也的确可以搞得十分优雅。想想那些在西亚大草原上跋涉的大商队，他们拴好骆驼，搭起帐篷，享用起丰盛的干果、坚果、薄饼和现烤肉串的盛宴。再想想早期空中旅行的伟大时代，当年的航空公司有自己专门设计的餐具，并提供由训练有素的厨师准备的优雅的饭菜，尽管只有折叠桌放得下的分量。19 世纪火车上供应的膳食曾享有盛名，豪华邮轮也自豪地将美食大餐作为全套体验中不可或缺的一环，而如今面向来往行人的快餐车已成为时尚美食的前沿。

然而旅行食品倒也并不非得如此奢华。有时它只提供必要的给养——背包客的什锦杂果或高蛋白肉糜饼足以让无畏的荒野猎人维生。它也可以是相当粗劣的，如果我们再想想战争时期的 C 类口粮或殖民时代水手们吃的压缩饼干和朗姆酒，会发现旅行食品也会十分粗劣。这样看来有些交通方式好像自带食谱，少了它旅行就不完整。公路旅行怎么能缺了薯片和垃圾食品？谁不怀念国内航班上小包装的咸花生？如何准备和消耗旅行食品也带来了一系列独特的挑战。想象一下在木船上生火会怎样！或是在颠簸行进中的火车上翻抛煎蛋卷。手拿式食品或许是未来的发展方向，是专为旅行的设计，但特殊的泡沫塑料容器和叉匙也是如此，更不用说皮靴、铝制水壶或塑料水瓶。旅行食品也有自己的规矩，比餐桌礼仪更宽松，但或许是考虑到所处的场所，其私密性也相当有趣。

当我第一次想到这个系列时，我不觉得自己以前曾深究过到底有多少食物是专为旅行设计的，或者在火车、飞机、汽车、自行车和马背上吃的东西是多么复杂而有文化底蕴。我永远不会忘记从罗马到蒂罗尔州阿尔卑斯山的一次长途火车旅行。当时我对面坐着一个年轻的家庭，还带了好多吃的：一根萨拉米香肠、一条面包、一大块奶酪，还有一瓶酒。他们把食物摊得乱七八糟，一边疯狂地打着手势，用意大利语喋喋不休。一切看起来都令人垂涎，他们细细品尝着每一口。而当我们驶入德语区时，他们已经整好衣冠，把周围拾掇清爽，还切换了语言，那顿意式大餐的痕迹已被消灭得干干净净，我想，在这遥远的北方，刚才那一幕大概是极不体面的。也就是说，人们确实有明确的旅行饮食传统，而且像任何其他饮食习惯一样，它与民族性、阶级、性别以及自我紧密相连。因此，现在是时候把这些饮食作为一个独立的题目来考虑了，关于如何去理解我们在旅途中所吃的食物的问题，我希望本系列能够填补这个空白。

肯·阿尔巴拉(Ken Albala)

太平洋大学(University of the Pacific)

目　录

导　　言

19 世纪 20 年代，当英国人发明第一台蒸汽机车，开启了铁路客运时代，世界从此天翻地覆。这是人类首次能够跑得比马快。以往耗时几周的旅程从此只要几天，而几天的路途则缩短为几个小时。在之后的时代里，铁路改变的不仅是旅行，还有商业、通信、食品供给、餐饮和社会风尚。

然而，在最初的岁月里，火车旅行是一种挑战，因为在这一过程中，光是坐得不舒服已经算好的了。早期的火车旅行途中基本上既没有食物，也没有厕所。实际上，在某些地方坐火车甚至还很危险——由于轨道铺设不良导致的脱轨，出现在轨道上的人、动物和树枝造成的失事，发动机迸出的火花引起的火灾，以及由于时区之间缺乏协调导致时刻表冲突带来的事故。

铁路的建设者们起初并没有考虑到乘客们的舒适、伙食，甚至安全。他们考虑的是发动机和轨道规格。他们计划运输的是货物，不是乘客；而货物不需要供餐或舒适的座位，也不会抱怨。

尽管面对种种困难，但当客运服务开始时，大多数人还是惊喜于铁路的速度和便利。透过浓烟和煤灰他们看到了令人兴奋的可能性。然而，跟任何新技术一样，并非所有人都对之抱有同样的热情。教皇格里高利十六世（Gregory XVI）就反对铁路，认为它们是魔鬼的作品。他对一位法国客人说，铁路不是“铁道之路”，而是“地狱之路”，不是铁路，也不是轨道，而是通往地狱的道路。[1]

xiv

一个不那么激烈却更常见的观点是，从城市到乡村的路程变得太短，很难实现心理上的过渡。还有人抱怨火车开得太快，让他们无法欣赏沿线的风景。法国评论家兼作家儒勒·雅宁（Jules Janin，1804—1874）就在1843年写道，他再也不坐火车去凡尔赛了，因为“你刚上车就已经到站了！咻地一下就到了！整理行装还有什么意义，只为感受自己出门了？”[2]

最初的旅程都很短，所以没有餐饮不是问题。但是随着新的线路延伸得越来越远，这就成了一个问题。铁路公司试过的解决方案之一是在站台开设茶水间。由于蒸汽机车每行驶100英里*左右就得停下来加水，所以这个办法看似十分英明。一些铁路公司有自营的茶水间；其他的则外包给私人。这二者之间差别巨大，但大多数卖的都是粗制滥造的食物，也很少让乘客有足够的时间享用。然而，由于铁路在各个国家，甚至在同一国家的各个地区的发展状况存在差异，即使在同一时期，无论身处火车上还是茶水间里，乘客们的实际体验都大不相同。

1843年，一位住在伦敦的妇女可能会这样描述她的第一次铁路经历：

> 今年，我和我丈夫第一次坐火车旅行。两年前，我们去伯

* 1英里约等于1.61公里。——编者注

明翰看望我的姐妹和她丈夫时坐的是驿站马车。那次花了将近12个小时在路上，说实话，那是漫长而颠簸的12小时。所以我们决定冒险试试坐火车。列车员说总距离约为112英里，我们只花了6个小时。你想想。

不用说，时速22英里肯定是超快的，但我们的铁路建得非常好。即使如此，我还是担心速度过快的问题，直到去年女王亲自乘火车去了苏格兰。如果它对维多利亚女王来说足够安全，我想对我们也一样。阿尔伯特王子以前也坐过火车，但正是女王的这一程最终说服了我们去尝试。

当然，我们坐的不是女王那种墙上带丝绸软垫的豪华车厢，但我们也买了头等舱的票。我听说二等车厢只能坐木板凳。我也不必猜测女王是否在她的车厢里用过晚膳，因为我们那趟列车上根本就不供餐。但我们确实在沃尔弗顿车站(Wolverton Station)的自助餐厅吃了点东西。虽然只能停留10分钟，但这已足够我们喝点茶、吃点班伯里蛋糕(Banbury cake)了。他们也有猪肉派，但看起来很不新鲜，所以我们只吃了甜品。

我们从尤斯敦车站(Euston Station)离开伦敦。那里盖得像座希腊神庙，里面的候车大厅让我叹为观止。火车早上8点发车，我们在下午2点到达伯明翰，正好赶上与萨拉和罗杰共进晚餐。我相信就算是女王本人也不可能有比这更愉快的旅行了。

xv

19世纪50年代，一个波士顿的银行家可能会就去纽约出差给出这样一份报告：

> 现在我去纽约更好安排了，因为几乎全程都在火车上，而不是过去的火车加汽船。诚然，波士顿到纽约的快车实际上是四条不同的线路——波士顿到伍斯特，马萨诸塞西部铁路到斯普林菲尔德，然后是哈特福德到纽黑文，最后是纽约和纽黑文线到纽约。到达纽约后，我们转乘马车去酒店，因为火车不能进市中心。这段路大约236英里，花了9个小时。
>
> 在火车上我本想让自己舒服一点，但是地板太脏了，根本没法把毛毡旅行袋放在上面。我只能一路把它抱在腿上。我看他们应该禁止在火车上嚼烟草。
>
> 我知道这一路上没东西可吃，所以两点半出发前早早在家吃了晚饭。火车上不供应食物，只有些男孩子沿着车厢卖橙子、糖果和报纸。这些被叫做“火车报童”的少年中，有些是令人讨厌的顽童，他们会趁人不备故意找错钱。不过我也承认，我遇到过一些有上进心的、诚实的小伙子。当没有其他选择的时候，他们的货就很受欢迎。
>
> 像往常一样，我们在斯普林菲尔德停了20分钟去买点简单的晚餐。乘客们都从火车上冲到茶水间，在各种拥挤推搡中，我只买到了一个煮过头的鸡蛋。
>
> 我很庆幸能及时赶到纽约和圣尼古拉斯(St. Nicholas)酒店，吃了一顿宵夜加一杯白兰地。这家新酒店与阿斯特酒店(Hotel Astor)同等豪华，甚至更胜一筹。第二天，我晚餐吃到了非常美味的鹿肉，配餐的干红葡萄酒也棒极了。我打算过

几天就带莉莉去圣尼古拉斯酒店，但要先确保火车上有一节供女士及其男伴乘坐的独立车厢，这样她就不会遇到烟草问题了。

1872年，一位坐着圣达菲铁路（Santa Fe Railroad）准备定居西部的乘客，可能会对他的旅行作出如下描述：

在西部乘火车旅行是一种冒险。我感觉自己远离了东部的文明世界，进入了一片蛮荒之地。火车延误和脱轨是家常便饭，大家基本上都无所谓了。我们撞上了一头在铁轨上打盹的牛，花了些时间来清理血肉模糊的现场，然后继续前进。这种情况经常发生，所以车组成员显得很淡定。火车抢劫也很频发，所幸我没碰上。 xvi

在火车上你别想睡一觉，座位太不舒服了。此外，由于天气太热必须开着窗，我们还得警惕飞入车厢的火花。而且哪怕天气再差，也得一直开着车窗散味儿。一路上车头狂喷烈焰，没有烧毁更多车厢真是个奇迹。

我随身带了一些吃的，但吃完后就不得不依赖沿线的小食店了。对于东部人来说，这些地方真是一言难尽。有些不过是在铁路附近搭起的棚子，上面盖着水牛皮来挡风。卫生条件已经不算个事儿了。在道奇市（Dodge City）附近的一家店里，水牛肉就堆在外面，我们不得不切下一块牛排，拿去给厨师煎。豆子看起来已经不知道热过几遍了，咖啡也难以入口。威士忌虽然品质不高，但还算可以忍受。

> 留给吃饭的时间太短了，往往还没吃几口，哨声就响了，于是我们不得不奔回火车。我的一些旅伴认为，饭馆和列车长相互勾结，确保乘客们没有足够的时间吃完，这样就可以再次卖给下一趟列车的受害者。我不知道我是否相信这一点，但在这里似乎一切皆有可能。这片土地不适合胆小鬼，但机会充足，适合那些有眼光还有一副铜肠铁胃的人。

还要到很多年之后，铁路才会为乘客提供相对而言的安全，更不用说舒适的座位、餐车和长途旅行的卧铺等设施了。当乔治·M.普尔曼（George M. Pullman）于 1867 年推出餐车时，虽然广受好评，但离广泛应用还远得很。其实尽管乘客有需求，一些铁路公司却因为成本问题多年来一直抗拒增设餐车。

到了 20 世纪初，坐火车基本上成了安全而愉快的体验。实际上，对于富裕的旅行者来说，这是一种极为奢侈的享受。车厢内部装潢华美，餐车伙食可比肩高级餐厅或豪华酒店，甚至更胜一筹。在大多数国家，铁路旅行不再是一种冒险或对勇气的考验，而是一种安全、可靠而且往往是豪华的旅行方式。

xvii

如果早期那些曾冒着滚滚烟尘，踩着糊满了烟草汁的地板，行进在快要散架的铁轨上的无畏的乘客们能坐上黄金时代的豪华列车就好了。

班伯里蛋糕和挞

班伯里馅饼或挞，以牛津郡的班伯里镇命名，在英国火车站的茶水间有售。连美国人都觉得“班伯里”这个名字听起来很耳熟，因为有一首童谣是这样开头的：“骑着骏马来到班伯里十字路口。”根据《牛津英语词典》，该镇“以前因其清教徒居民的数量和热情而闻名”，现在仍因其蛋糕而闻名。

班伯里蛋糕的早期配方出现在格瓦斯·马卡姆（Gervase Markham）1615 年的《英国家庭主妇》（*The English House wife*）一书中。在他的食谱中，要将醋栗加入面团来做一个蛋糕，如下：

制作班伯里蛋糕

要做一个成功的班伯里蛋糕，先取 4 磅 * 葡萄干，清洗择净，放在布上晾干。然后取三个鸡蛋，去掉一个蛋黄，将剩下的打散，加入啤酒酵母搅打均匀，在其中放入丁香、肉豆蔻干皮、肉桂和肉豆蔻；之后取 1 品脱** 奶油和等量鲜奶，放在火上加热至常温，放入大量冷黄油和糖，再放入鸡蛋酵母混合液和粗粉，一起搅拌一小时或以上；留出一部分，其余的打碎，再放入葡萄干。完成之后，用模具做出你想要的数量，然后用没放葡萄干的面糊在上下都薄薄地浇上一层，再根据大小来烘烤它。

后来的食谱通常类似于单人份的半圆馅饼或挞，而非蛋糕。英国火车站供应的班伯里蛋糕经常被嘲讽是隔了夜的陈货，但刚出炉的蛋糕却是美味的。下面的食谱经琳达·斯特雷德利（Linda Stradley）许可，摘录自她精彩的“美国烹饪”网站：whatscookingamerica.net。

---

* 1 磅约等于 453.59 克。——编者注

** 1 品脱约等于 568 毫升。——编者注

xviii
班伯里茶点挞

供应份数：多人份

准备时间：15 分钟

烘烤时间：20 分钟

1/2 杯黄油，室温

1 又 1/2 杯细砂糖

3 个鸡蛋

1 杯葡萄干

1 个柠檬的皮

1 个柠檬的汁

9 英寸* 单面挞皮

将烤箱预热至 375°F**。

在一个大碗中，将黄油和糖充分搅拌在一起。加入鸡蛋、葡萄干、柠檬皮和柠檬汁，搅拌均匀，放在一边。

准备馅饼面团。将面团擀成 1/8 英寸厚的面皮。挞可以做成任意大小。如果是传统的麦芬模具，可以用去掉底的空金枪鱼罐头把面皮扣出一个个圆形。如果是迷你麦芬模具，则用空的番茄酱罐头。将挞皮放入模具中并抹平，使其没有凸起。

搅拌馅料。用茶匙将挞填满。注意：不要让馅料溅到模具

* 1 英寸约等于 2.54 厘米。——编者注

** 33.8 华氏度（°F）等于 1 摄氏度（℃）。——编者注

上，以免烤好后难以取出。

烘烤迷你挞需要 15 分钟至 20 分钟，或烤到表面呈浅棕色。从烤箱中取出，脱模后放在网架上冷却。

注意：由于制作起来非常容易，我通常将配方翻倍，做上大约 9 打迷你挞。把它们用保鲜膜包好，冷冻保存。稍微加热后食用口感最佳，微波炉或普通烤箱都可以。——琳达·斯特雷德利

第一章

前餐车时代

英国人是修建铁路的先驱，他们的铁路系统以其高质量的工程建设闻名。事实上，美国人和法国人后来都以英国的铁路技术为标杆。对质量和细节的关注并没有拖慢英国铁路系统的发展。1843 年，已经有 1 800 英里的铁路通车，每周运送旅客达 30 万名。[1]到 1899 年，通车里程达到 2 万英里，乘客人数接近 1 200 万。然而，第一批列车的高质量并没有惠及供餐服务或乘客的舒适。在 19 世纪 70 年代引入餐车之前，火车上的服务设施很少，而且几乎没有东西可吃。

有些乘客会带上午餐篮以便在旅途中自给自足，而那些什么都没带的人就只能饿着肚子抱怨了。随着更多铁路线的铺设和旅程的延长，英国人建了一系列站台餐室和铁路旅馆，为乘客提供食宿。餐室也叫茶室，提供简单的餐点和小吃——茶、汤、三明治、猪肉派、班伯里蛋糕和香肠卷。

威廉·阿克沃思爵士(Sir William Acworth)是英国铁路经济学家，其职业生涯跨越了 19 世纪末和 20 世纪初。他曾就不列颠群岛、德国、印度和美国的铁路经济撰写了好几本研究专著。尽管他主要关注铁路的商业和政治，他对火车乘客的伙食也有许多看法，认为英国的餐室还有很大的改进空间。在1899年出版的《英国铁路》（*The Railways of England*）一书中，他写道：“前段时间，我在一个漫长的夏日里往返于林肯郡，在那永无止境的12小时的路程里，我只能靠小圆面包充饥。”然而他也承认，这些点心已经比当年在“穆格比枢纽站（Mugby Junction）吃到的串了味儿的茶和汤”有进步了。[2]

查尔斯·狄更斯对茶点有同样的看法。在他笔下，咖啡是“面粉勾芡的褐色热水”，猪肉派是“软骨加肥油的黏稠疙瘩”。[3]安东尼·特洛普（Anthony Trollope）更刻薄地说铁路上的“三明治化石”才是真正的英国之耻：“那洁白的墓穴，外表是挺光鲜，内里却如此寡淡、穷酸、干瘪，这东西由碎末和皮屑组成，这么一丁点儿的食物，告诉我们它曾经附着的那块可怜的骨头，在送进厨房的汤锅之前就已经被刮干净了。”[4]

铁路三明治的新鲜度（或过期度）多年来一直被嘲笑，并经常被用来比喻平庸之物。在大卫·里恩（David Lean）的经典电影《相见恨晚》（*Brief Encounter*）中，人们仍在拿它开玩笑。故事的背景设定在1938年的一个车站餐室里，特瑞沃·霍华德（Trevor Howard）和西莉亚·约翰逊（Celia Johnson）扮演的男女主角在喝着茶等火车时相遇并相爱。影片中，一位粗鲁的顾客对女招待说：“这些三明治要是今早上做的，那你还是秀兰·邓波儿呢。”片中的“米尔福德枢纽站”（Milford Junction）实际上是康福斯车站（Carnforth Station），至今仍在运营，并被修复成20世纪30年代末的样子。电影的“粉丝”们是它最忠实的客户群之一。

英国铁路的茶歇时间很短，有时只有 10 分钟。乘客们抱怨时间太赶，他们的咖啡、茶或汤才刚凉到可以入口，火车的发车铃就响了。英国作家克里斯·德·温特·希伯伦（Chris de Winter Hebron）写道，有一次由于火车延迟发车，站台上的乘客亲眼看到他们丢下的茶点被倒回茶水桶和锅子里，好卖给下一趟列车的人。[5]

19 世纪中期，英国人在印度的铁路上也设立了站台餐室系统。阿克沃思引用了一家不知名的澳大利亚报纸上的一篇文章，说印度的餐室比英国的好。据文章说，从加尔各答到孟买线上的晚餐客饭有"汤和鱼、牛肉、羊肉、鹬、鸭、鹧鸪、鹌鹑、糕点、四五种不同的水果，以及人见人爱的咖喱和米饭。……每两个乘客就有一个当地的仆人陪侍用餐。"[6]

3

这位澳大利亚作家对印度"人见人爱的咖喱和米饭"不屑一顾，但多年后，作家大卫·伯顿（David Burton）在他的《餐桌上的英属印度》（*The Raj at Table*）一书中持反对观点，他写道：

> 每个大站的站台上都有三个餐厅——分别招待欧洲人、印度人和穆斯林。除非要买一杯温吞的苏打水或啤酒，任何一个有理智的人都会避开欧洲餐厅，因为那里的食物品质低劣且价格过高。而穆斯林餐厅就不一样了，从那里飘出的烤串和炒饭的香味对许多欧洲旅行者来说太诱人了，也让他们能对后厨的状况视而不见。[7]

旅行的时代

随着19世纪工业化的到来，有钱人开始更频繁地旅行出游。他们不仅跑遍祖国各地，还把足迹延伸至其他国家。不久之后，连中产阶级和工人阶级也开始旅行了。1841年，托马斯·库克(Thomas Cook)说服了英国一家铁路公司，为一个戒酒会专设一班游览列车。由于库克能够保证大批客源，铁路公司降低了票价。第一次团体游大获成功，让库克得以继续组织其他旅游观光活动，主要面向中产阶级客户。名气渐响的库克旅行团让妇女也能够大胆出行。到1863年，他已经带领2 000名游客去过法国、500名游客去过瑞士，并一路上为“吃烤牛肉和布丁的英国人”安排合适的食宿。[8] 1871年，他成立了托马斯·库克父子旅行社(Thomas Cook & Son)，业务遍及全世界。

旅游业的增长开启了大饭店时代，而英国的铁路公司建造了其中最豪华的几座。那些被称为终点站酒店的，通常由当时的顶尖建筑师设计，也是所在城市里最显眼的建筑。当年，这些“宫殿”拥有200到300个房间，包括客房、餐厅、会议室、酒吧和舞厅，以及室内管道和电梯等现代设施。如果事先规划得够好加上运气不错，旅行者可以跳过隔夜的铁路三明治，及时到达终点站酒店，享用一顿精美的晚餐。

无论是否有意为之，这些酒店还促进了性别平等，因为它们的餐厅被视为淑女们在外用餐的体面场所。在此之前，女士们只能屈尊于酒店的私人餐厅。富有的男士也在他们的俱乐部用餐，那

4

里禁止妇女入内。但随着铁路旅馆的出现，公共餐厅欢迎女士们的光临。在酒店用餐不仅是得体的，更是时尚的，女士们可以借机穿上与周遭奢华环境相称的礼服。

加拿大铁路公司效仿英国的做法，建造了从西部的班芙温泉酒店（Banff Springs Hotel）到魁北克的芳堤娜城堡（Chateau Frontenac）等豪华的铁路酒店。法国从 19 世纪末开始建造铁路沿线的大饭店，德国、意大利、比利时和其他欧洲国家也相继动工。

法国人还建了车站餐厅，而且跟英国相反，许多都建得十分华丽。尽管原名很朴素，但里昂车站餐厅（Buffet de la Gare de Lyon）是“美好年代”奢华风格的杰作，其内部装潢流光溢彩，每一寸都被镀金、颜料、镜面或壁画所覆盖。它本是为迎接 1900 年万国博览会的游客而建，1963 年根据那条著名的火车线路更名为蓝火车餐厅（Le Train Bleu）。它是吕克·贝松的《尼基塔》（*Nikita*）和乔治·库克（George Cukor）的《与姑妈同游》（*Travels with My Aunt*）等电影的取景地，还成了一个打卡热点，而不仅仅是一个车站自助餐厅。今天，它的菜单包含了诸如鸭肝酱、多宝鱼排、酒浸蛋糕等久负盛名的经典菜肴，以及很多名厨如埃斯科菲耶（Escoffier）不会认可的菜色，像西班牙凉菜汤、牛油果塔塔酱配香菜，以及三文鱼配椰浆和红咖喱。

5

高速的美国铁路旅行

英国的铁路重在质量，而在美国，速度高于一切，甚至高于安全。赴美游客常会谈到美国人对速度的追求，无论是铺设铁轨、吃饭还是日常生活都是如此。越快越好似乎是美国人的座右铭。1833年，法国政府派遣米歇尔·舍瓦利耶（Michel Chevalier）前往美国评估运河和铁路的建设情况。他汇报说，不像法国对铁路是讨论多于建设，在美国，建设工作正以“美式风格”（à l'américaine）进行，即进展神速。[9]

6

“欧洲是爬着前进，而美国是跑着前进。”这是苏格兰诗人查尔斯·麦凯（Charles MacKay）的表述。他在19世纪中叶游历了美国，并担任过《泰晤士报》的驻纽约记者。[10]

英国海军军官兼作家弗雷德里克·马里亚特（Frederick Marryat）曾于1837年和1838年到美加两国旅行。他在1839年出版的《美国日记》（*A Diary in America, with Remarks on Its Institutions*）中记录了自己的观察。在书中，他称美国人是“一个永不停歇的火车头般的民族：不管是为了生意还是娱乐，他们永远在祖国大地上东奔西走，进行大规模的人口流动。”马里亚特认为，美国铁路没有英国建得好，因此更危险也更容易出事故。但他也点明，“最大的目标是快速收回成本并获得回报，除了少数情况外，并不会考虑到耐用性或持久性。”[11]

美国的火车小站最初是为了堆放货物，并尽可能为等火车的乘客提供个地方待着。一些车站还为站长及其家人配备基本的住房。车站从设计上就不是为了当餐厅的。但如果站长的妻子精明能干，她可能会在站台上摆张桌子，在火车停靠时为乘客提供自制的食物。从蔬菜炖肉到新鲜出炉的派或饼干，乘客能吃到什么全看厨师做什么拿手菜。否则，旅客们可能会在一个只提供劣质食物或根本没有食物的车站下车。

7

到19世纪中期，一些车站已经开设了餐室。然而即使食物好吃，安排给吃饭的时间也不够。与其他许多人一样，马里亚特对美国人的用餐速度之快感到震惊。他曾这样描述火车到站后餐室的场面：

> 所有的门被猛地推开，乘客们像放了学的孩子一样冲进来，挤在桌子旁边，用派、肉饼、蛋糕、煮鸡蛋、火腿羹以及数不胜数的铁路大餐来慰劳自己。发车铃声一响，他们慌慌张张地带着满嘴满手的食物又出发了，直到下一个停靠点继续帮他们用不停进食来消磨单调的旅程。[12]

尽管可能真有许多马里亚特提到的那种"铁路大餐"，但从同时期的报道来看，美味的食物并不多见。

1857年6月10日的《纽约时报》提出了直白的意见：

> 如果说英语中还有哪个词比其他词被更可耻地滥用的话，那就是把在火车站随便灌两杯、啃两口的东西称为"茶点"了。那些灰暗沉闷的地方……被称为"餐饮沙龙"，而那种荒郊野外的破地方完全配不上这个名头……指望三四百个男女老少……在尘土飞扬的路上绕了半天，顶着满头满脸的热煤灰，好不容易到了一个车站，因疲惫、饥饿和干渴而奄奄一息，渴望在吃到救命的茶点之前至少有机会洗把脸，他们狼狈地冲进一个阴冷的长条形房间，在15分钟内解决宵夜、早餐或晚餐。

文章接着将之称为“野蛮且反常的饲料”。它写到那些“浸在劣质黄油中的老牛排”“隔夜的陈面包”“令人生厌的卡仕达派”，并说这些食物“为消化不良奠定了基础，并可能导致肺部疾病或发烧”。《纽约时报》建议铁路公司自营餐饮，而不是将这部分业务交给“贪婪无知的人”，让乘客任其摆布。[13]

提意见的当然不止《纽约时报》一家。像“干瘪的三明治”“化石面包”[14]“干硬的肉排”“胶状牛排”和“让人做一周噩梦”的馅饼[15]等词汇和短语在当代作品中比比皆是。

8

并非只有在铁路站台上才需要仓促用餐。即使是停留在酒店，不太需要迅速解决的时候，美国人仍然吃得很匆忙，好像赶时间似的。舍瓦利埃写道：

> 在酒店和汽船上，快到饭点的时候，餐厅的门就被挤爆了。铃声一响，大群人涌入房间，不到十分钟就满座了。一刻钟内，三百个人里已经有两百个吃完走人，再过个十分钟，餐厅里就彻底空了。[16]

跟欧洲人一样，美国人在19世纪也盖了很多豪华酒店，尽管它们一般不是由铁路公司建造或经营的。这些优雅的餐厅提供的美食与其奢华的用餐环境相得益彰。东海岸的旅客懂得如何安排行程以便及时抵达纽约，在阿斯特酒店（Astor House）这样的高级饭店享用晚餐，从小牛胸白肉到帕尔玛干酪通心粉再到百果馅饼，一切应有尽有。他们也可以在芝加哥的帕尔默家园酒店（Palmer House）或波士顿的特里蒙特大酒店（Tremont House）享用类似的大餐。但除了在这些大城市，火车旅客不可能会吃得好，甚至吃得饱。马里亚特赞扬了弗吉尼亚州的炸鸡，但也提到在西部，乘客不得不靠"'玉米面包和粗粮'(即用玉米粉和猪油做的面包)来充饥。"[17]

9

在一些线路上，乘客可以向列车员订购午餐篮子，列车员会提前发电报，在车站取货，带给车厢内的乘客。19 世纪末，印第安纳州拉斐特市的 N & G 欧姆铁路公司(N & G Ohmer's Railroad)的午餐篮子服务可以提供一系列精选产品。他们注意到火车在晚餐时间没有停靠站台，因此在菜单上列出了各种套餐：售价 50 美分的套餐包含半打炸牡蛎、两片黄油面包、一块派加腌黄瓜；冷腌火腿、两个煮鸡蛋、两片黄油面包和半打橄榄，45 美分；同样价位的还有沙丁鱼配柠檬、两片黄油面包加一块派。最便宜的午餐是腌猪蹄、两个面包卷加黄油、腌黄瓜和派，售价 35 美分。乘客还可以订购三明治、水果、啤酒、葡萄酒、牛奶、咖啡和茶。这些饮品大多是 10 美分，但"红葡萄酒"要卖到 75 美分。[18]

许多乘客会自己在家准备食物然后带着路上吃。1915 年，《堪萨斯城明星报》(*Kansas City Star*)的一名记者说，这种自备旅行餐被称为"鞋盒午餐"，通常都是炸鸡、煮鸡蛋和一些蛋糕。但在长途旅行中，能带得上火车的食物很可能在到达目的地之前就吃完了，而且其他乘客也会抱怨食物的气味，尤其是在夏天。在这篇文章中，作者诙谐地写道："午餐的香味在车厢里萦绕不去，苍蝇们提前连线亲友，每到一个车站就来碰头。"[19]

一些列车会提供免费的水。一名服务人员会提着装满冰水的锡水壶穿行于各个车厢为乘客提供饮料。虽然有杯水喝总是好的，特别是在大热天，但服务员只带着一两个杯子给所有人用，而且并没有规定要清洗。[20]

“火车报童”

美国的火车上还有另一种“伙食”可选，虽然没人会这么叫它。一群被称为“火车报童”(news butchers)的男孩会在车厢和站台上兜售糖果、橙子和其他零食。在 19 世纪，“butcher”这个词不光指肉铺屠夫和杀人狂，也用来称呼各种小贩。“火车报童”受雇于铁路公司，向乘客出售报纸、书籍和小食。他们通常是十几岁的男孩，没什么赚钱的路子又喜欢趁这个机会离家转转，哪怕只是短途也好。虽然挣不到几个钱，但他们以戴上代表铁路员工身份的帽子为荣，而且一旦获得火车工程师的允许坐进车头，那更要乐坏了。

尽管报童们提供了些许便利，但乘客对他们的差评多过好评，说他们卖过期三明治、烂水果和旧报纸，还缺乏诚信，经常故意少找钱。在诺埃尔·考沃德(Noel Coward)的戏剧《四重奏》(*Quadrille*)中，一个美国铁路大亨告诉一位英国女士，他 13 岁时当过火车报童。当她问什么是火车报童时，他说：“一个厚脸皮、尖嗓子的小男孩，在行进的火车上来回蹦跶，卖报纸、三流杂志、花生和嚼烟。”[21]

罗伯特·路易斯·史蒂文森(Robert Louis Stevenson)却很欣赏这些报童。他在游记《穿越平原》(*Across the Plains*)中描述了他 1879 年从纽约到旧金山的火车旅行，并在文中回忆道，乘客的舒适度很大程度上取决于报童。史蒂文森肯定了报童们提供的食品和服务，因为他坐的是一班没什么便利设施的移民列车。移民列车为那些前往西部淘金，或希望至少提高点生活水平的人们提供了廉价的基础交通服务。他写道，报童“有无限的能力去改善和照亮移民们的命运”。他也承认，他遇到的一个报童是一个“阴暗、霸道、傲慢、粗野的无赖，把我们当狗一样对待”。但另一个报童却把自己当作所有人的朋友，告诉乘客什么时间去什么地方吃饭，确保他们在沿途的火车站不被落下，一直照顾着他们。史蒂文森说，他是“古希腊式的英雄……做着一个男子汉该做的事，让世界变得更好。”[22]

有些人也为这些男孩感到难过，他们注意到，有时候乘客也会欺负他们，比如偷瓶汽水或拿了报纸不给钱。由于报童们必须向雇主偿还丢失或被盗的商品，所以他们可能会工作很长时间，却只赚一点点钱。他们是拿佣金的，所以生意好的时候一个报童可能会拿几美元回家，生意差的时候甚至会倒贴钱。

所以难怪霍雷肖·阿尔杰（Horatio Alger）会站在报童一边。在他题为《伊利的火车男孩》（*The Erie Train Boy*）的故事中，阿尔杰写到报童们入行之前必须先为货品支付押金，而大多数人都很穷，难以支付这笔钱。这个故事的套路很典型，年轻的主人公要赡养一位寡母，可以想见他后来果然变成了成功人士。

与阿尔杰的主人公一样，有些火车报童也确实功成名就了。1859 年，托马斯·阿尔瓦·爱迪生就在芝加哥、底特律和加拿大大干线铁路公司（Canada Grand Trunk Junction Railroad Company）当过报童，当时他才 12 岁。和其他报童一样，他也卖小吃，但不一样的是，爱迪生在火车上装了台印刷机，并发行了第一份在行驶的火车上出版的报纸。他给报纸命名为《大干线先驱报》(*Grand Trunk Herald*)，每期售价1美分，包月订阅8美分。他还在火车上放了化学实验设备，直到有天一个实验导致行李车厢失火。列车长非常生气，把爱迪生降职到车站工作。如今在密歇根的休伦港有一个托马斯·爱迪生仓库博物馆(Thomas Edison Depot Museum)，正是他曾经兜售叫卖的地方。

12 沃尔特·迪士尼和他哥哥罗伊在十几岁时都做过火车报童。罗伊在圣达菲铁路公司工作了两个夏天。几年后，即1917年，沃尔特为范诺伊州际公司(Van Noy Interstate Company)工作，负责堪萨斯城和芝加哥之间的线路。

沃尔特被雇用时只有16岁，作为一个火车报童，他的表现并不理想。同事对他恶作剧，顾客欺负他没有经验，他自己也忍不住要尝尝卖的糖果，所以最后亏的钱往往比赚的多。但他喜欢铁路旅行，终其一生都是个铁路迷。功成名就后，他在加州的庄园里给自己修建了一条1∶8的铁路模型。火车不光是迪士尼乐园的卖点，还成为《火车大劫案》(*The Great Locomotive Chase*)和《勇敢的工程师》(*The Brave Engineer*)等电影中的明星。

但无论是崭露头角的企业家还是狡猾的顽劣少年，火车报童们都提供不出什么有营养的正经食物。

在火车上烹饪

车组成员跟乘客一样也要应付伙食方面的挑战。然而，他们有类似于烤箱的东西可用。在美国西部，火车司炉工在他们的煤斗上煎水牛排吃。在北爱尔兰，20世纪50年代的列车员不仅拿烧煤的发动机泡茶，甚至还能做饭。曾在斯莱戈、莱特里姆和北部县铁路（Sligo, Leitrim & Northern Counties）工作过的迈克尔·汉密尔顿（Michael Hamilton）写道：

> 如果菜单上有油炸食品，就必须遵守一些卫生规定。司炉工的煤铲要用发动机锅炉里滚烫的水洗干净。当它像猎犬的牙齿一样干净时，就能把咸肉、鸡蛋、香肠和血肠放上去了。然后，厨师稳稳地拿着铲子，把它轻轻推入蹿着熊熊火苗的炉膛里，一面烤熟再翻个面，几分钟后就能开吃了。[23]

在1867年乔治·M.普尔曼推出酒店和餐车业务之前的年月里，尽管不是特意为之，火车上偶尔也会有食物供应。列车员可能会在行李车厢里摆一个柜台和几把凳子，出售在站台厨房里做好，并放在蒸汽箱里保温的简餐。一般来说就是炖牡蛎、炸面包圈和咖啡。美国南北战争期间，在运送伤病员的列车上，士兵们还能喝到热汤。1863年，费城、威尔明顿和巴尔的摩铁路公司（Philadelphia, Wilmington & Baltimore Railroad）推出了一个初始版的餐车。他们在车厢中间放了一个隔断，一半作为吸烟区，另一半供乘客在吧台前用餐。食物是在火车终点站预备好并放在蒸汽箱中保温的。[24]这种设置更像是男子酒吧而非餐厅，妇女是不太敢光顾的。

13

建设西部

在定居区，铁路连接着城镇；而在西部地区，铁路创造了城镇。火车在哪里停靠，定居点就在哪里兴起。起初，它们只是些随意搭建在一起的简陋住所，用来安置铺设铁轨的劳工。随着劳工房一起，那些在铁路沿线提供饮品、赌博和妓女的帐篷和马车也兴旺起来。这些定居点被称为“移动地狱”，因为它们随着劳工的到来蜂拥而至，又随着他们的步伐流动到下一个地方。

渐渐地，在铁路沿线多多少少形成了一些永久性的定居点。投机者和准居民们栖身于简陋的窝棚，寻找着发财的机会。大多数从东部来的男人把妻儿老小留在家里，指望着等哪天西部文明开化了之后再接他们过来。只有声名狼藉的妇女才敢住在铁路沿线。在吃饭的地方，没受过训练且不修边幅的服务员（这还算好的）在肮脏的环境中为那些毫无礼仪的客人提供劣质的食物和烈酒。

显然，是时候做些事情了。随着越来越多的人在西部定居，他们需要更好的住房和体面的餐厅。弗雷德里克·亨利·哈维（Frederick Henry Harvey，以下简称“哈维”）在长期的旅行中已经充分意识到了这个问题，而跟其他旅行者不同的是，他看到了解决的方案。哈维于1850年从英国移民到美国，当时他15岁。到22岁他已经在圣路易斯拥有了一家咖啡馆。之后他去了一家餐馆工作，接着进入汉尼拔和圣约瑟夫铁路公司（Hannibal & St. Joseph Railroad）当了一名邮件管理员，此后一直做到了货运代理，而这份工作要求他在上班时间里走遍中西部地区。他的妻子和孩子留在堪萨斯州莱文沃斯(Leavenworth)的家中。大范围的旅行让哈维看到了沿途的餐饮和住宿条件是多么糟糕,他决定为此做点什么。

哈维说服了艾奇逊、托皮卡和圣达菲铁路公司(Atchison, Topeka & Santa Fe Railroad)的老板,让他们意识到高质量的餐馆对铁路业务有好处。这条商业铁路线沿着圣达菲步道而建,向西输送工业制成品,向东输送水牛皮、皮草、黄金和白银。到 1872 年,它已经连接起芝加哥和科罗拉多州,6 年后又延伸到新墨西哥州。它是美国发展最快的铁路线,它的顾客也渴望得到体面的食物。计划敲定之后,1876 年,铁路主管查尔斯·F.莫尔斯(Charles F. Morse)和哈维开始了铁路站台的餐馆业务。他们商定,由哈维经营餐厅,铁路公司免费为他运送食品;如果有利润可以归哈维所有。 14

哈维的事业从把托皮卡车站的午餐室打扫得一尘不染开始。营业时他确保提供优质的、精心烹饪的食物。他还规定每两小时就要换一次新鲜煮好的咖啡。这是一项革命性的行为,此前当地人每天能喝上一次咖啡就已经别无所求。他还坚持要求他的顾客们守规矩。哈维绝不容忍打架、骂人和随地吐痰。万万没想到,顾客们全盘接受了这些条件——只要能吃上一顿好饭,怎样都行。

"哈维女郎"加快了这一文明的进程。由于男服务生容易喝酒斗殴,哈维通过在报纸上刊登广告,雇用了一批来自东部和中西部"品行端正"的年轻女性当服务员,每月付她们 17.5 美元的工资,外加食宿和小费。这比男人挣得少,但在那个年代对女性来说已经是很体面的收入了。哈维女郎必须住在有监护人的宿舍里，穿着简朴的制服，遵守宵禁，举止行为向淑女看齐。作为回报，她们可以获得免费火车旅行、西部探险，以及对于东部和中西部妇女来说非常有限的独立自主的机会。虽然女招待并不被看作一份上得了台面的工作，但哈维女郎还是受到了高度评价。尽管有着种种规矩和宵禁，最终她们中的许多人还是跟农场主或铁路工人恋爱结婚了。所以当有人说哈维经营的是婚姻介绍所，也许并不只是个玩笑。[25]

哈维在托皮卡的午餐室只是他事业的起点。1878 年，他接手了堪萨斯州一个叫弗洛伦斯（Florence）的小镇的铁路旅馆，为其采购了爱尔兰亚麻桌布、英国银餐具和精美的瓷器，还从芝加哥著名的帕尔默家园大酒店聘请了一名厨师，并给他开出了一年 5 000 美元的工资，这在当时是银行行长级别的薪水。随着更多餐馆和酒店的开设，“哈维家园”的招牌就意味着高品质的美食、服务和环境。

哈维家园成功的秘诀就是精心烹饪的美食加细致周到的服务。它提供的并不是高档餐厅那种精致的法国菜，顾客们知道这些菜名怎么读，却不知道它们竟能如此可口。习惯了煎得又老又腻的水牛排的西部人发现了从堪萨斯城运来的牛里脊肉排，煎到三分熟就上桌，水果和蔬菜也永远新鲜。哈维家园的厨师们亲自烘烤面包，把新鲜的橙子榨成果汁；本地的野味和渔获刚一上市就能上桌。

一份典型的哈维菜单上包括鸡尾酒虾、奶油洋葱、糖渍火腿、炖牛肉、烤龙虾、烤长岛嫩鸭和香缇奶油派。哈维家园也提供地方特色菜，如老弗吉尼亚酸奶饼干、墨西哥煎蛋、威斯康星奶油汤、迪尔伯恩冷熏黑线鳕和新英格兰南瓜布丁。哈维的厨师们严格按照餐馆的食谱进行烹饪，以保证菜肴的味道不会因时间地点而改变。顾客也可以信任菜色的多样性。哈维的菜单是经过规划的，以确保乘客一路上绝不会在不同的分店里吃到同样的东西。

哈维也很了解美国人对速度的追求。通过高效的安排，只需要半个小时，顾客们就能在干净舒适的环境中，由一个优雅迷人的哈维女郎服务着，享用一整套大餐和著名的哈维咖啡。哈维会安排列车员询问乘客是否打算在下一站用餐，如果是的话，他们喜欢餐厅还是吧台。列车员将信息提前电传给餐厅，这样，当列车到站，乘客进入餐厅时，餐桌已经布好，作为头道菜的新鲜果盘或沙拉也已经上桌。餐厅经理随即会将一大盘肉端进来，并切成厚片。哈维家园的食物以其分量大而闻名，甜品派总是被切成四份，而不是六份。 16

接着是神奇的哈维饮品服务。一个哈维女郎会询问顾客喝点什么，然后由另一位女郎分毫不差地送上他们所点的饮料，所有这些都是在二人之间没有任何交流的情况下完成的。顾客一直猜不出门道，直到女招待给他们解了密：接单的女孩根据一套规则来排列咖啡杯，向提供饮料的人发出信号。

> 杯子直立在碟子里 = 咖啡
>
> 杯子倒置在碟子里 = 热茶
>
> 杯子倒立，在碟子上斜放 = 冰茶
>
> 杯子倒立，在碟子旁边斜放 = 牛奶[26]

只要顾客不移动杯子，这套信息系统就行之有效。

作为老板的哈维是出了名的严厉，绝不容忍任何可能损害连锁店声誉的事情。有传言，当一个不赚钱的分店的经理通过减少分量等经济手段将损失从每月1 000美元减少到500美元时，哈维解雇了他。不管是真是假，故事本身以及人们对它坚信不疑的态度，充分说明了哈维是何等执着地坚守着原则。

随着时间的推移，美国西部和东部的铁路沿线也开设了其他高质量的餐馆。成立于1893年的范诺伊铁路新闻公司在密苏里太平洋铁路（Missouri Pacific Railway）沿线经营餐厅和酒店。跟哈维家园一样，范诺伊公司的餐厅也以其高标准而闻名。但是大多数火车站的餐厅并不能与他们相提并论。酒店的餐厅很少，而且相隔甚远。午餐篮子和火车报童卖的小吃也远远不够。到19世纪末，长途旅行的乘客们向铁路公司明确提出，希望能在干净有序的环境中吃得好一点。最显而易见的解决方案就是在火车上为他们提供优质的伙食。

17

英式铁路三明治

放得太久且不够有料的英国铁路三明治曾一度饱受差评，以至于成了质量差的代名词和喜剧演员取之不尽的素材库。但鸡蛋和水芹作为最常见的馅料，如果制作得当且新鲜出炉，而不是在火车站放了好几天，还是很好吃的。

鸡蛋和水芹三明治

2片新鲜面包

蛋黄酱

1 个刚煮熟的鸡蛋，切碎

盐和胡椒粉

大量新鲜、清脆的水芹菜

给每片面包涂上蛋黄酱。将切碎的鸡蛋与少量蛋黄酱、盐和胡椒粉混合调味。在一片面包上涂上调配好的酱料，放上一大把水芹，再放上另一片面包。按照铁路的传统切法，沿对角线切开。

布　丁

托马斯·库克旅行团里“吃烤牛肉和布丁的英国人”是一些人嘲笑的对象，但早在库克的旅行团诞生之前，17 世纪的法国人亨利·米松·德·瓦尔堡（Henri Misson de Valbourg）就写道：“啊，英国的布丁是多么美妙的事物。”英国人在制作布丁方面确实很出色。从朴素的面包和黄油布丁，到可用来招待贵客的精致布丁，不一而足。后者被称为“外交官”布丁或“内阁”布丁，用蛋糕或手指饼而不是普通的面包制作，并分层加入浓郁的奶油冻和蜜饯。

这款橘子酱面包布丁是一种更简单的做法。它是早餐或早午餐的完美选择，因为它可以在你要吃的前一天晚上制作，早上只要放入烤箱烘烤即可。

橘子酱面包布丁　18

8—10 片去掉外皮的面包。我喜欢用哈拉面包（challah），但任何硬面包都可以。

4 汤匙软化的黄油

4 个大鸡蛋

2 杯全脂牛奶

1 茶匙香草

1/2 杯橘子酱。用你最喜欢的口味。我用的是苦橙酱。

在一个 1 夸脱*的烤盘中涂上大量黄油。面包切片，也涂上黄油。将一半面包片放入烤盘，黄油面朝上，用小块面包填满所有空隙，然后抹上橘子酱。在上面再铺上一层涂了黄油的面包。

将鸡蛋、牛奶和香草搅拌在一起，倒在面包上。盖上保鲜膜，压紧以确保所有面包都浸在蛋奶糊里。放在冰箱里过夜或冰镇几个小时。

早上，将烤箱预热到 350℉。去掉保鲜膜，把烤盘放到一个更大的烤盘里。将热水倒入较大的烤盘中，直到水位没过布丁烤盘一半的高度。烘烤 40—45 分钟，或烘烤至顶部略微膨大并变成焦黄色。将布丁烤盘从大的烤盘中取出即可食用。

---

* 1 夸脱约等于 1.13 升。——编者注

第二章

餐车出道

1868 年，当乔治 · M.普尔曼将他的第一辆铁路餐车命名为“德尔莫尼科号”（Delmonico）时，他向潜在的用户发出了一个明确的信号——这里将提供顶级的美食，因为纽约的同名餐厅是全美最声名显赫的餐厅。正是这家餐厅为我们提供了德尔莫尼科土豆、纽堡龙虾、皇家奶油炖鸡和火焰冰激凌。工业巨子和皇亲国戚们都在这里用餐。当“钻石”吉姆 · 布雷迪（Diamond Jim Brady）和莉莲 · 罗素（Lillian Russell）这样的名人来这里吃晚餐时，会先点上几打牡蛎，接着享用多道大菜，并以上好的葡萄酒佐餐。

德尔莫尼科餐厅以无可挑剔的服务、优雅的室内装潢，还有最关键的法国美食而闻名。它的菜单，即“法式餐厅地图”（Carte du Restaurant Français），长达七页，用法文和英文书写，为用餐环境又增添了一份精致的气息。菜单里有法式清炖汤或甲鱼汤作为头道菜；鱼类可能是多宝鱼或鲥鱼籽；随后是野味和肉类，如烤斑鸭、野鸡和羊排；配菜可能包括焖芹菜、番茄沙拉、甜菜根沙拉和小蘑菇派。甜品单上有夏洛特蛋糕、舒芙蕾、布丁、蛋挞、糖渍鲜果、花式果冻和冰激凌。每道菜都配有相应的葡萄酒。菜单上列出了

图 1　19 世纪的餐车

50 多种葡萄酒，以及白兰地、波特酒或马德拉酒，这种葡萄牙加强红酒在 19 世纪英美两国的餐桌上非常流行。

在火车上为乘客复刻这种菜肴和服务几乎不可能，但普尔曼承诺并最终实现了这一点。 20

普尔曼的改良

当 1868 年"德尔莫尼科号"餐车首次亮相时，普尔曼早已因其工作勤勉和事业成功而声名在外。普尔曼出生在纽约州水牛城附近一个叫布鲁克顿（Brocton）的小镇上，虽然只读完四年级就辍了学，但他在父亲身边学会了做木工、打家具和搬场。搬场生意在那里格外兴隆，因为伊利运河（Erie Canal）的扩建需要将建筑物从河岸边往里撤。19 世纪 50 年代，普尔曼搬到了芝加哥，在那里开创了房屋抬升技术。当时芝加哥正在铺设新的下水道系统和道路，需要将建筑物，甚至是多层砖砌的房子抬高几英尺*，以便在下面施工。普尔曼能做到将建筑抬起来，待施工结束后再放下去，全程连窗户都不会震一下。

尽管在建筑事业上大获成功，但他 20 多岁时就意识到，真正的商机是新兴的铁路。他走过很多地方，知道现有的卧铺车厢还存在很多不足。比如天花板低到碰头顶，车厢没有通风设备，一年四季都闷得难受，尤其是在冬天——炉子里生着火，车厢里挤满了热出一身臭汗的男人；床铺也窄小得毫无舒适可言。普尔曼认为

---

* 1 英尺约等于 0.304 8 米。——编者注

他可以做得更好。1859年，他和商业伙伴、前纽约州参议员本杰明·C.菲尔德（Benjamin C. Field）开始对铁路车厢进行改造，将其变成更舒适的卧铺。几年后，他又设计建成了一种全新的卧铺车厢，比以前所有的车厢都更大、更舒适、更豪华。它被命名为“先锋号”（Pioneer），于1865年在芝加哥、奥尔顿和圣路易斯铁路公司（Chicago, Alton & St. Louis Railroad）首次亮相。

普尔曼设计的车厢以其奢华的黑胡桃木内饰、闪亮璀璨的吊灯、丝绒软装和雅致的地毯为后来者树立了标杆。卧铺十分舒适，最令人赞叹的一点就是铺着干净的床单。盥洗室装有漂亮的大理石洗手台。然而即使在如此华美的环境中，嚼烟爱好者仍是一个问题。19世纪末的许多照片和插图显示，每个座位旁的地板上都放了痰盂，只盼那些喜欢嚼烟草的人能瞄准点，免得弄脏昂贵的地毯。

21

对于这项业务普尔曼堪称一位营销大师。在推广随车就餐服务之前，普尔曼为贵宾级乘客和媒体组织了游览活动，并为他们提供在铁路酒店事先准备好再带上车的饭菜。1866年5月19日星期六，在密歇根中央铁路、芝加哥、伯灵顿和昆西铁路以及芝加哥和西北铁路上举行的游览活动所用的就是下面这份印在丝绸上的菜单：

22

乔治·M.普尔曼敬呈

鸡肉沙拉，三明治

草莓配奶油

什锦蛋糕

香草、柠檬和草莓冰激凌

柠檬冰沙、橙子冰沙

霍克海姆酒、吕德斯海姆酒、勃兰登堡酒

玛歌酒庄、拉菲特酒庄、圣朱利安酒庄

玛姆香槟酒庄的干韦尔泽奈香槟、海德席克香槟

酩悦绿章香槟、凯歌香槟

冰镇香槟

雪利库伯乐、红酒宾治、卡托巴鸡尾酒、柠檬水[1]

普尔曼自己很少喝酒,但他知道他的客人会喝。他总是确保能随时供应香槟和时下流行的饮料,比如雪利库伯乐。或许正因为如此,关于参观活动的新闻报道总是十分精彩。

普尔曼的生意蒸蒸日上,1867 年,他的公司被认证为普尔曼豪华车厢公司(Pullman Palace Car Company)。他算是赶上了好时候。镀金时代,带着炫耀性的消费,对卖弄财富的热衷,对简朴审慎风格的鄙夷,正拉开帷幕。当时普通美国家庭的平均年收入不到 400 美元,这个数字跟奢华毫不沾边。但普尔曼的客户可不是普通人,而是国内外那些在战后工业化进程中发了财的富商大佬。他们分分钟准备着通过奢华的旅行向世界展示自己有多么成功。

同年,普尔曼推出了另一项创新——酒店式车厢,并在加拿大大西部铁路公司(Great Western Railroad of Canada)投入使用。顾名思义,酒店式车厢能在火车上提供高级酒店的所有设施。后

来，亨利·詹姆斯把普尔曼车厢比作“奔腾的酒店”，而酒店则是“静止的普尔曼车厢”。[2]这种车厢跟卧铺车厢一样典雅华贵，而且还多了餐饮服务这一卖点。第一节车厢被普尔曼命名为“总统号”（President），尺寸为60英尺×10英尺，包括一个3英尺×6英尺的带煤炉的厨房，另外还带食品柜、冰柜和酒柜，并配有一个厨师和一个搬运工兼服务员。

白天乘客像往常一样坐在车厢里，到了饭点，桌子被固定在座位之间，上面摆好精美的瓷器、玻璃器皿、银餐具和洁白无瑕的餐巾。饭后，桌子被移开。到了晚上，座位可以翻折成下铺，上铺则从上面翻下来。1867年6月1日的《底特律商业广告报》（*Detroit Commercial Advertiser*）写道：

23

> 普尔曼先生的发明的闪光点在于，他成功地为车厢增加了一个美食厨房，用来将各种肉类、蔬菜和糕点烹调出绝佳的风味。[3]

大部分乘客都对在时速30英里的旅程中用餐感到兴奋，食物的品质也令他们难以忘怀。第一批菜单中包含了冷菜——牛舌、鸡肉沙拉、龙虾沙拉和糖渍火腿。因为厨房太小所以冷菜比较方便，但那时冰箱还没有出现，所以必须放在冰上冷藏。热菜包括牛排、羊排和火腿，配菜都是土豆。此外还有威尔士干酪吐司，煮蛋、煎蛋或炒蛋，以及普通蛋卷或朗姆蛋卷。虽然这些菜色更偏向家常菜而非当时高级餐厅的佳肴，但乘客们都表示味道很好，花样很多。

1869年,《伦敦每日新闻》(*London Daily News*)的记者威廉·弗雷泽·雷(William Fraser Rae)记录了他从纽约到旧金山横跨美国的一次铁路旅行,并对酒店式车厢大加赞扬:

> 初次体验这种车厢为旅行者的生涯开启了一个新的时代。只要坐上普尔曼酒店式车厢,皇室成员也不会住得比这更舒服了……列车员会定时来到车厢,接受每位乘客点单。
>
> 选择不可谓不多。有五种面包、四种冷肉、六种热菜,更不用说有七种不同做法的鸡蛋,以及所有当季蔬果。如此丰富的菜品让最讲究的食客也能轻易找到点什么东西挑动自己的味蕾,而饥肠辘辘之人更可以饱餐一顿。[4]

然而只有酒店式车厢的乘客才能享受这一切。其他车厢的乘客要么自己带点吃的,要么指望在车站买点吃的。对此雷表现得有点儿幸灾乐祸,他写道:"一想到其他车厢的乘客到了有餐室的站台就必须冲下车,匆匆吞下粗劣的饭菜,这份享受就更添乐趣。"[5]

很显然,尽管遭到抗议,但跟其他国家一样,美国的铁路旅客也是按阶层和种族来划分的。在一些线路上,黑人乘客被隔离开来,有时甚至仅在行李车厢划出一块地方给他们。一些南方城市的火车站还有单独的候车室。 24

酒店式车厢的乘客在正常票价之外还要另付2美元,就像在卧铺车厢一样。他们还得为膳食支付额外费用。可能是考虑到车站的饭菜质量,大多数乘客觉得这些都是值得的。《穿越渡口》

（*Across the Ferry*）的作者、英国作家詹姆斯·麦考利（James Macaulay）曾在1871年乘坐酒店式车厢从尼亚加拉大瀑布到芝加哥，他写道：

> 菜单上的品类比许多英国酒店还多，而且价格适中。羔羊排或羊排配番茄酱的价格是75美分，新鲜鲭鱼50美分，煎蛋卷加火腿40美分，一只春鸡1美元。蔬菜、水果和调味品的选择也很多，还有五六种葡萄酒。一杯法国咖啡、茶或巧克力的价格是15美分。[6]

大多数酒店式车厢的乘客都将其描述为优雅有品位，伙食也很好。但即便如此也总有人不喜欢。由于乘客们全程都要在同一节车厢里食宿起居，有时会长达几天几夜，这就导致有些人会抱怨臭味、无聊，以及其他乘客的举止修养和卫生状况。正如麦考利所言：“你可能会跟一个不配坐在这里的邻座近距离、长时间待在车厢里。”[7]

有些人说在行驶的火车上吃饭会晕车。最初，乘客曾抱怨衣服会沾到煤灰，现在煤灰飘到了食物上，更令人不快了。尽管有很多人夸赞伙食，但由于后厨空间狭窄拥挤，能做出的菜色总归有限。普尔曼的德尔莫尼科之梦尚未实现。

餐　车

1868年，在第一辆酒店式车厢问世仅一年后，普尔曼推出了餐车，并命名为“德尔莫尼科号”。餐车是一个带有厨房和餐饮设施的独立车厢，跟餐厅一模一样，只是会在客人们享用美食时沿着铁轨行进。“德尔莫尼科号”耗资 2 万美元，在芝加哥和奥尔顿铁路上运行，这条线路连接着芝加哥和伊利诺伊州的斯普林菲尔德。

在专利申请书中，普尔曼将其称为“旅途餐厅”和“饭店”。厨房位于车厢中央，两边是用餐区。普尔曼说，他把厨房放在中心位置，以便“无论朝哪个方向行驶，至少有一半的车厢会在厨房的前面，而厨房的油烟味则由后方的气流带走”。他还设想有两个就餐区能更方便乘客从其他车厢进入。当餐车位于列车中间时，坐在前面车厢的人可以在前部用餐，而坐在后面车厢的人可以在后部用餐。然而事实证明把厨房设在车厢中间并不怎么方便，因为后来大多数餐车的厨房要么在头要么在尾。

25

“德尔莫尼科号”的厨房面积为 8 英尺×8 英尺，仍然很小，但已经比酒店式车厢的厨房要大了。它配有一个水箱、一个水槽、一个炉灶、桌子和食品储藏室。车厢下面有一个被普尔曼称为“大冰箱加供应室”的空间。冰箱实际上是一个大冷柜，供应室则是储存肉类、水果、蔬菜和其他食品的地方。这里有一扇门通向车厢外部，铁路员工可以直接从车站进货，而不必穿过车厢。车厢的两端各有一个盥洗室和一个水房。

车上共有 48 个座位，每个用餐区有六张四人桌。每两组座位之间的墙壁上装有镜柜，里面放着普尔曼所谓的“餐桌器皿”，也就是这张桌子所需的餐巾和银器。[8]

为餐车配员工

27　有了餐车之后，就不可能再让列车员和搬运工承担双份任务，而是需要一个训练有素的团队。在“德尔莫尼科号”上，两名厨师和四名侍者每天要供应多达 250 份的饭菜。[9]后来，根据列车的情况和饭菜的复杂程度，工作团队会多达十几人：一名负责监督所有餐饮服务的主管、一名助理主管、一名主厨、三名或多名厨师，以及多达十名侍者。普尔曼通过雇用刚解放的黑奴解决了人员配备的问题。这些人在服务方面经验丰富、技能娴熟，普尔曼也相信他们会对乘客们彬彬有礼、恭敬有加。此外他们需要这份工作糊口，工资比白人少也肯干。尽管这个政策是歧视性的，但确实产生了一些积极的效果。普尔曼公司成为全国雇用黑人最多的企业。在黑人社区，为普尔曼工作意味着稳定的职位、四处旅行，及受人尊重。人们以穿着普尔曼公司的制服为荣。然而，即使按照当时的标准，他们的工资也很低，而且常常加班。[10]

1886 年 2 月 6 日的《纽约时报》上的一篇报道说：“一般的印象是普尔曼车厢的员工薪水丰厚。”然而，“这与实际情况相差甚远”。据报道，在纽约到芝加哥的列车上，一个行李员要连续无休地工作 37 个小时，每月却只赚 19 美元，而且还要从中支付自己的伙食、制服和帽子。通常情况下，他一年要买两套制服，每套 18 美元。他们本指望乘客的小费能够弥补一下低薪，然而即使有小费，也不是每个乘客都很慷慨。此外，员工们还要为乘客犯的错误和事故负责。如果一个乘客拿走了普尔曼的梳子或烟灰缸，不管是无心之失还是有意想顺点纪念品回家，当班的行李员或服务生都要扣钱。如果乘客打碎了玻璃杯，也由行李员或服务生来赔偿损失。员工们对此申诉无门。[11]

有些乘客会轻蔑地对待餐车的工作人员。在美国奴隶制时期，人们常用奴隶主的名字而不是他们自己父母取的名字来称呼奴隶。这种做法延续到了普尔曼车厢的工作人员身上。普尔曼的名字是乔治，因此许多乘客都称呼行李员和服务生为“乔治”，或者干脆想到什么叫什么，而不愿意花点时间问一下对方的本名。1918年，13岁的埃伦·道格拉斯·威廉姆森（Ellen Douglas Williamson）跟全家一起乘坐普尔曼列车从锡达拉皮兹（Cedar Rapids）前往加利福尼亚。在日记本中她天真地写道：

29

> 另一件奇怪的事情是，所有普尔曼行李员都叫乔治，除非你在以前的旅途中跟他们认识。他们也总是黑人，就像餐车服务生一样，他们是最好、最有礼貌、最讨人喜欢的一群人。[12]

多年以后，20世纪中期的作家兼铁路迷卢修斯·毕比（Lucius Beebe）用更老练的语言谈到同样的事情：

> 他的名字是乔治、弗雷德或亨利，完全是乘客随口叫的，很少有人会看一眼每节车厢里写着他本名的卡片，这样称呼他是美国由来已久的一种习惯。作为一个门路广、点子多且极为耐心的人，普尔曼的列车员在美国传奇中任重而道远。[13]

当有乘客以礼相待时，他们会表示感激。杰基·格里森（Jackie Gleason），这位20世纪50到60年代著名喜剧演员，正是最受喜爱的顾客之一。他以百元小费和私人车厢的欢乐气氛而闻名，但更重要的是他是个善待服务人员的人。他总是直呼他们的名字，从不叫他们“乔治”。[14]

一般来说，首席主管和主厨是白人，助理厨师和服务生是黑人。但黑人也能当上主厨，并在菜单上加入他们熟悉和喜爱的菜肴。历史学家杰西卡·B.哈里斯（Jessica B. Harris）在《欢迎桌》（*The Welcome Table*）一书中指出，像炸菠萝圈和奶油花生汤这样的南方黑人菜肴正是通过这种途径出现在餐车的菜单上，并在乘客中大受欢迎。

有些主厨成为常客的最爱，并以个人身份闻名于世。詹姆斯·科珀（James Copper）就是伊格纳齐·帕德鲁斯基（Ignace Paderewski）最喜欢的厨师。这位著名钢琴家每到有巡演就会安排科珀来他的私人车厢掌勺。当科珀于1928年退休时，《纽约时报》以《帕德鲁斯基的厨师从普尔曼辞职，25年来艺术家巡演路上的美食霸主因年龄退休》为题报道了这一新闻。文章说科珀认为自己的职位非常有尊严：“因为如果帕德鲁斯基是音乐方面的艺术家，他自己不也是烹饪方面的艺术家吗？”这位不具名的记者不仅在文中使用了科珀的全名，还称他为“美食之王”[15]。

在“德尔莫尼科号”上用餐

30

据说“德尔莫尼科号”及此后的餐车提供的饭菜跟顶级酒店和

餐厅一样量大味美。一份晚餐菜单上能列出多达 80 道菜，从无处不在的牡蛎到野味、鲜鱼、烤肉和种类繁多的蔬菜，还有作为收尾的冰激凌、蛋糕和水果。饮料方面，有雪利酒、法国葡萄酒、香槟和马德拉酒，以及瓶装矿泉水。

餐车的桌子上摆放着为该线路特别设计的瓷器，通常带有公司商标或当地特色。巴尔的摩和俄亥俄线（The Baltimore & Ohio）的蓝白瓷器描绘了波托马克河谷；大北方铁路公司（The Great Northern Railroad）的瓷器以其吉祥物——一头站在群松围绕的峭壁上名叫“洛基”的洛基山羊为标志。20 世纪 30 年代后期，艾奇逊、托皮卡和圣达菲铁路公司用的是一种名为“米布雷诺”（Mimbreño）的图案，以此向明布雷斯部落的美国原住民艺术致敬。餐车的银器上通常刻有铁路的名称及其纹章或商标。高级水晶制成的玻璃器皿上也会刻有徽章或特殊图案，以表明它们是此线路专用。[16]

为了增加轻松愉悦的气氛，到了晚餐时间，一名笑容满面的侍者会用一个类似迷你手持木琴的迪根手铃轻轻敲响“C-F-A-C”，宣布餐车开始营业。

餐车的服务、装潢和膳食都大受好评。一位《纽约时报》的记者在 1869 年写了一篇热情洋溢的报道，介绍了他坐着两辆首次投入使用的普尔曼宫廷车厢（一辆餐车和一辆卧铺车）横穿美国大陆，从奥马哈到旧金山的旅程。他说，普尔曼“在将铁路旅行提升到高雅艺术层面上所做的贡献是前无古人的”，还怀疑连德尔莫尼科本人都无法与餐车饮食相媲美。他写道：“哦，美食的缪斯，启迪我找到合适的词语去描绘它！”

随后，他提到第一天的晚餐"除了顶级大餐必备的菜肴之外"还上了羚羊肉排。对此他表示："没有品尝过这个的美食家——呵呵！他怎会懂得何为盛宴？"还有美味的山地鳟鱼，酱汁"辛香无穷，而且根本买不到"，如此等等。所有的美食都伴着"大量的库克香槟"被一扫而空。在之后的旅途中他说："我们在27分钟内行驶了27英里，一路上那满杯的香槟一滴都没有洒出来！"[17]

1875年11月30日，《纽约商业广告报》（*New York Commercial Advertiser*）的一篇文章兴奋地写道："普尔曼的员工……能够炮制出一顿精美的大餐，足以让德尔莫尼科自惭形秽。"[18]

31 如果说晚餐是奢侈的，那早餐也毫不逊色。英国作家T.S.哈德森（T.S. Hudson，以下简称"哈德森"）在其1882年出版的《穿越美国》（*A Scamper Through America*）中列出了从辛辛那提向西行驶的火车上的早餐菜单。

早餐

现已备好，头等舱规格，75美分

这列火车上有一个**餐车**。"吃到尽兴！"

乘客们将会欣赏"路上生活"这个新特色。

早餐菜单

英式早餐茶、法式咖啡、巧克力、冰牛奶。

面包类

法式面包、波士顿棕面包、玉米面包、热面包卷、干面包、蘸酱面包、涂了奶油和黄油的吐司。

烧烤类

里脊牛排，原味或配蘑菇、春鸡、羊排、小牛肉片、西冷牛排、糖渍火腿。

当季野味

当季牡蛎

煎炒类

煎小牛肝配培根、乡村香肠、鳟鱼。

蛋类

煎蛋、炒蛋、煮蛋、煎蛋卷、原味鸡蛋。

调味料

小红萝卜、什锦腌菜、法式芥末、伍斯特沙司、醋栗果冻、什锦酸菜、辣根、调味番茄酱、核桃酱。

蔬菜类

炖土豆、炸土豆和煮土豆。

水果类

苹果、橙子。

哈德森并不像《纽约时报》的记者那样浮夸，他只是写道："我们吃了一顿火车上烹制的丰盛早餐。"[19]

当 地 食 品

许多铁路公司因在其餐车上提供当地物产和特色菜肴而闻名。第一次到西部旅行的乘客可能会尝到水牛肉、羚羊排、野鸡、

32 母艾草鸡或野羊。而在东海岸，他们可以期待吃到新英格兰蛤蜊浓汤和波士顿烤豆子。宾夕法尼亚州的线路提供费城炸肉饼，一种卤猪肉玉米面香肠，以及糖蜜派——一种用糖浆做的宾州荷兰风味的甜点。密歇根中央铁路（The Michigan Central）以密歇根湖白鱼为特色，以及用当地产鲜奶制成的密歇根冰激凌。南太平洋铁路（The Southern Pacific Railroad）供应的是加州沙鲆。巴尔的摩和俄亥俄线则有著名的玉米面包配乡村香肠的早餐。

土豆在北太平洋铁路（The Northern Pacific Railroad）上取得了重要地位。1909 年，该公司的主管哈森·泰提斯（Hazen Titus）发现华盛顿州雅基马河谷（Yakima Valley）的土豆种植者因巨型马铃薯滞销而将其作为猪饲料。于是他做了一些实验，并发现将 2 磅重的土豆烘烤 2 小时，可以得到他吃过的口感最松软轻甜的烤土豆。之后他将“巨无霸烤土豆”加入了“北海岸特快”（*North Coast Limited*）的菜单，一份 10 美分。这道菜立刻就火了，还成了该线路最著名的特色菜之一。多年来，他们卖出了从明信片到围裙的各种土豆周边产品，并组织了一个“巨无霸烤土豆后援会”（Great Big Baked Potato Booster Club），为餐车的顾客颁发会员证书。1914 年，泰提斯在位于西雅图的员工餐厅顶部造了一个长 40 英尺、直径 18 英尺的巨型土豆，到了晚上土豆会眨动眼睛，头顶的黄油闪闪发亮。[20]

在有些火车上，可能连瓶装水都是当地产的。在 19 世纪末和 20 世纪初，迪克西快车（Dixie Flyer）的一份日期不详的早餐菜单上，有这样一段关于火车饮用水的介绍：“我们在此车厢内提供优质的高地俱乐部水，采自田纳西州怀特布拉夫（White Bluff）高地俱乐部的名泉。此水每加仑只含 15 颗微粒，且是经过认定的无菌纯水。”[21]

地方菜也并不总是如此。被戏称为“棉花带路线”（Cotton Belt Route）的西南铁路公司（The Southwestern Railway）的一份菜单上出现了波士顿烤豆子和英国李子布丁等菜色。在圣达菲铁路上能吃到马里兰风味春鸡，而密歇根中央铁路的菜单上列着波士顿黑面包。

19 世纪末，某些食物无处不在，无论餐厅还是餐车都能找到它们的身影。比如牡蛎——生的、炸的、炖的、烤的、西部式煎蛋卷（Hangtown fry）里的，还有炸牡蛎“穷小子”（po’ boy）三明治——无论何时何地，只要当令就一定能吃到。吃牡蛎的风尚在 19 世纪达到顶峰。从地下酒吧到路边摊，从波士顿著名的联合牡蛎屋（Union Oyster House）[22]到纽约的德尔莫尼科餐厅，一日三餐都有牡蛎。然而，将它们从沿海地区运到内陆城市一直是个问题，直到 1898 年，堪萨斯城南部铁路公司（Kansas City Southern Railway）的创始人亚瑟·E.史迪威（Arthur E. Stilwell）发明了史迪威牡蛎车厢（Stilwell Oyster Car）并为其申请了专利。该车厢由普尔曼公司制造，包含六个独立的隔热水箱。将牡蛎从车厢顶部的开口装入水箱，再给每个水箱灌入海水，到达目的地后，通过车厢侧面的滑槽来卸货。1898 年 8 月 16 日的《芝加哥论坛报》（*Chicago Tribune*）一篇报道中写道：

33

> 住在美国中部地区，离鲜美多汁的双壳软体动物千里之外的老饕们，现在可以像住在海边一样吃到新鲜的牡蛎……此番

尝试已大获成功，如今全国各地的铁路公司都将采用这一方法，在不久的将来，新鲜牡蛎会成为每张餐桌上的焦点。[23]

于是问题来了。牡蛎是如此受欢迎，以至于东西海岸的苗床被吃到近乎枯竭，牡蛎也变得稀少而昂贵。21 世纪的水产养殖法又让牡蛎重返餐桌，却已不复当年的价廉物美。

绿海龟汤在 19 世纪的菜单上也很常见——餐馆、酒店和火车，哪里都有。结果使得海龟也成为濒危物种。由于它们体积大，准备起来很麻烦，许多食谱建议使用罐装的成品而不是现宰现杀的。埃斯科菲耶（Escoffier）本人在他的《我的厨房》（*Ma Cuisine*）中也提到购买现成的汤更方便。[24]假海龟汤是用小牛头来代替海龟。这就是为什么插画家约翰·坦尼尔（John Tenniel）给《爱丽丝梦游仙境》中的假海龟画上小牛头、后蹄和尾巴。只是当假海龟唱着“美味的汤，绿色的汤，在热气腾腾的盖碗里装”时，他赞美的是真海龟汤而不是假的。

尽管餐车以提供各地特色菜而闻名，但说到底铁路还是对全国饮食的同质化负有很大责任。通过把食品快速运往全国各地，铁路从美国人的餐桌上抹去了季节性和当地限定的食材。铁路把加州的农产品带到东海岸，又把佛罗里达的橙子带给所有人。北部各州的人们可以随时购买草莓和番茄，而不必再等到夏天才能吃到。诚然，铁路使各种各样的食物变得更易得也更便宜，其便利性毋庸置疑，但代价是地方风味的消失和家庭农场的衰退。久而久之，铁路把农业变成了农商业。

横跨大陆的铁路

1869年,“德尔莫尼科号”首次亮相的一年后,在犹他州的普罗蒙特里峰(Promontory Summit),一枚金色的长钉被敲入铁轨,将联合太平洋铁路和中央太平洋铁路(Union Pacific Railway and Central Pacific Railway)连接在了一起,组成了美国第一条横跨全境的铁路线。自此货物、商人和游客可以从东海岸一路坐到西海岸,从纽约直达加利福尼亚州。长途旅行变得前所未有地快速和便捷。显然,这也意味着需要更多能提供食宿的火车。人们期待铁路公司会加紧配备餐车,毕竟市场已经准备好了。餐车在新闻界和消费者那里都得到了热烈的赞扬。1868年8月的《哈珀周刊》(*Harper's Weekly*)宣布: 34

> 对高速旅行的需求……导致了许多为餐室而设的站点被取消。“威尔明顿,15分钟茶歇!”的喊声已不复闻,取而代之的,是乘客坐在时速50英里的列车上享用着他的汤、鱼、烤肉、凯歌香槟和咖啡。[25]

餐车对于那些配备了它的线路来说是一个强大的卖点。早在1869年,芝加哥、岩岛和太平洋铁路(Chicago, Rock Island & Pacific Railroad)就刊登了一则广告,点明这是“芝加哥和奥马哈之间唯一有餐车的线路……”[26]其他铁路也刊登了广告,宣传他们的住宿、点单或自助餐饮服务,往往会特别强调供应商是普尔曼,因为这个名字就是品质保证。

那么有了乘客和媒体的积极反馈，铁路公司是否愿意增配餐车呢？并没有。事实上有些公司还达成了协议，如果竞争对手不配餐车，他们也不配。1881年，芝加哥、伯灵顿和昆西铁路公司（Chicago, Burlington & Quincy Railroad Company），艾奇逊、托皮卡和圣达菲铁路公司，以及联合太平洋铁路公司（Union Pacific Railway Company）签署了一项协议，规定三方都不在自己的路线上加餐车或酒店式车厢，否则会提前六个月通知。然而新成立的北太平洋铁路公司（Northern Pacific Railroad Company）并没有加入其中。因此，德卢斯（Duluth）和波特兰（Portland）之间的线路在1883年建成通车时就配备了餐车。一年后，芝加哥、伯林顿和昆西铁路公司退出了该协议。到1891年，为了更好地争夺客源，西部所有横贯大陆的铁路都不得不增加了餐车。[27]

铁路公司之所以抵制增加餐车是因为其造价和运营费用都很昂贵。一节普通车厢无论装饰多么华丽，本质都是一个有座位的箱子；而一节餐车则需要专门的设备和家具。光是厨房就需要炉子、烤架、冰柜、食品储藏室、烹饪和上菜的工具，当然还有食物和饮品。在用餐区，专为餐车设计的瓷器、玻璃器皿、银器和餐巾，以及餐桌餐椅也是一笔成本。乘客们希望用餐区能搞得漂亮讲究，这意味着要花钱请高级木工和艺术家来设计装修。此外，除了用餐时间，餐车内是没有顾客的。车厢本身能重达80吨，在19世纪末的造价为1.5万美元甚至更多，是一架标准马车的三倍，而一节优雅的德尔莫尼科车厢的价格是2万美元。算上瓷器、餐巾和其他设备，还要再加1.2万美元。[28]虽然员工本身薪水微薄，但人工费

35

却不低。[29]

一顿晚餐的价格通常在75美分到1美元，与当时大多数酒店或餐馆差不多。即使顾客点了自选菜而非套餐，支付的餐费总额是增加了，却仍然不够抵消铁路的成本。尽管铁路公司试图避免这种情况，但还是不得不向客户的需求低头，特别是那些坚持要在车上而不是车站茶水间用餐的头等厢乘客。此外，到了19世纪80年代，火车的速度越来越快，也越来越难以协调如何刚好在用餐时间到达车站。大多数铁路公司不再建造新的站台餐室，而是选择购买餐车。即使是与其他两家公司有协议，也与哈维家园有合作的圣达菲这个钉子户，最终也开始运营由哈维供餐的餐车。哈维的名号在菜单上总是很有排面。这份1899年11月9日的午餐菜单上有一句全文大写的话："如有任何疏漏之处，敬请您向堪萨斯城联合车站的哈维提出。"[30]

午餐

圣日耳曼青豆蓉汤

水芹

小红萝卜

甜面包、意大利冰激凌

马里兰风味春鸡

冷肉

烤牛肉

火腿

进口沙丁鱼

威尔士干酪吐司

欧芹大蒜风味土豆或焗甜薯

莴苣沙拉

焦糖奶油

巧克力闪电泡芙

布里奶酪

烤脆饼干

咖啡

36 豪华餐车时代已然开启，尽管最初并不情愿，铁路公司还是打造了越来越优雅甚至华丽到浮夸的车厢，并提供精致美味的膳食，所造成的亏损则被视为必要的代价。铁路所有者认为，乘客，特别是经商的乘客，如果对卓越的食物和服务印象深刻，就会放心将货物运输和其他业务交给该公司。换言之，他们认为这些亏损会在其公关价值上得到弥补。

然而亏损是巨大的。在《美国铁路客车》（*The American Railroad Passenger Car*）一书中，史密森学会运输部的馆长兼资深历史学家小约翰·H.怀特（John H. White Jr.）写道，在1887年，每辆餐车每月的亏损在100美元到600美元；一些铁路公司一年的损失能高达2万美元。[31]

后 续 改 进

1883年，普尔曼推出了自助餐车，这样即使餐车关了，乘客也可以在正餐之间吃些小食。早期的自助餐车位于吸烟车厢和特等卧车之间，提供茶和咖啡、炖牡蛎、煮鸡蛋、冷鸡肉和其他轻食。有些特等豪华客车还带内置的自助餐区，提供同样的食物。自助餐车本是餐车的补充而非替代，然而比起餐车上好几道硬菜的正式大餐，有些乘客更喜欢相对清淡又随意的自助餐。时间一长，自助餐车的数量即将超过餐车。对于铁路公司来说，自助餐车的好处在于人工费和维护费都比较低。

1887 年，铁路服务有了另一项改进，这个改进也间接涉及了餐饮。在火车行驶途中从客车走到餐车是很危险的，特别是在恶劣的天气下。多年来，铁路公司一直在努力尝试让车厢间的连接处变得更安全和方便，然而采用过的发明没有一个是完全成功的。38 最终是普尔曼芝加哥工厂的主管亨利·霍华德·塞申斯（Henry Howard Sessions）设计了一个封闭的通过台，并申请了专利。此后乘客们便可以高枕无忧地从座位走到餐车了。在漫长的旅途中，他们不再被圈在同一个区域，而是可以溜达到图书馆车厢阅读，去休息室与其他乘客聊聊天，找理发师刮个胡子，而不用担心中途丧命或受伤。普尔曼公司的广告也强调了通过台的安全性，其中一则说，它“不仅为乘客提供了舒适和安全”，干净卫生也是其众多优点之一，“前门一开，不再会有夹杂着浓烟和煤灰的狂风扑面而来”。[32]带通过台的列车迅速成了豪华游的标志。正如作家摩西·金（Moses King）所述：

> 当乘客看腻了宽屏玻璃窗外不断变幻的风景时，他大可以放心地朝前走，穿过一个个车厢和通过台，来到列车的图书

馆，精美的书架上摆满了书籍杂志，书桌上则为想写封信或发个电报的人准备了文具。火车还为吸烟者提供了舒适的休息区，并兼售各种烟草，一位调酒师随时准备为客人奉上花样繁多的酒水。[33]

下面是1897年6月5日“普尔曼通过台列车”上的一份菜单。[34]

晚餐

豌豆泥

清炖汤

黄瓜

橄榄

克里奥尔风味烤梭鱼

法式土豆球

野味派

香草风味炸香蕉

烤牛肉

烤嫩羊肉，配薄荷酱

盐煮土豆

土豆泥

新鲜豌豆

蛋黄酱鲜虾沙拉

法式香草奶冻

苹果派

什锦蛋糕

冰激凌

水果

罗克福奶酪

艾登奶酪

黑咖啡

当然，普尔曼并不是铁路商业的唯一改进者。其他人也建造了时髦的卧铺以及餐车、自助餐车和豪华客厅车来迎合那一批富裕乘客的需求。但享誉国内外的只有普尔曼一家，最终也是他们占据了美国豪华列车的大部分市场。

因此，当一位富有的比利时火车迷于 1867 年来到美国时，他自然会选择乘坐普尔曼列车，去享受一下精致的美食、舒适的卧铺和奢华的环境。普尔曼的品质和风格给他留下了深刻的印象，让他决定在欧洲打造类似的车厢。他的名字叫乔治·纳吉麦克(Georges Nagelmackers)，在普尔曼的启发下，他创建了国际卧铺车公司(Compagnie Internationale des Wagons-Lits)，以及著名的东方快车(Orient Express)。

腌　　菜

腌制，即将蔬菜或水果浸泡在醋或盐水中，自古以来人们就靠它度过食物贫乏的日子。人们喜爱腌菜，因为它们不仅耐储存，而且无论酸甜咸辣都很美味。特别是在 19 世纪，腌菜在熟食店、餐馆、酒店、火车上和家里都很受欢迎。在冰箱出现之前，一个装满腌制蔬菜罐头的橱柜在家里是很常见的，当时的主妇们会定期制作腌菜罐头储存起来。

在19世纪后半叶，有种被称为“什锦泡菜”（chow chow）的混合腌菜特别受欢迎，从酒店餐馆到汽船和铁路，哪里的菜单上都有它。因其口味酸甜又易于储存，它也出现在当时的各种家用烹饪书中。然而到了1940年，它却几乎从菜单和食谱上消失了。

家庭厨师的食谱通常是为处理大量蔬菜而准备的，包括黄瓜、花椰菜、卷心菜、洋葱、青椒和绿番茄。一份菜谱需要200根小黄瓜；另一份需要一棵大白菜和两加仑*切成小指粗细的黄瓜片。将这些蔬菜切成小块和其他准备工作一样都很耗时。大多数情况下是把蔬菜用盐腌上，放置一晚，第二天再煮，最后装罐。

下面这份更简单的什锦泡菜的做法来自简·坎宁安·克罗利（Jane Cunningham Croly）出版于1870年的《珍妮·琼的美式烹饪书》（*Jenny June's American Cookery Book*）。克罗利1829年出生于英国，12岁时随家人移居美国，25岁开始在纽约当记者。仅用了三年时间，她就拥有了自己的联合专栏，而且很可能是美国第一位达成此成就的女性。她的著作涉及烹饪、女权和教育，她还是全美妇女俱乐部总联合会的创始人之一。

简易什锦泡菜

将1颗卷心菜、6个青椒、6个绿番茄切得非常细，加入2茶匙

---

* 1加仑约等于3.785升。——编者注

40

黄芥末、足量盐和醋，如有必要还可以撒一点丁香和胡椒。这样已经可以食用了，也可以长时间保存，没有比这更好的开胃菜了。

当时流行的另一种腌菜是用西瓜皮制作的。由于夏季西瓜消耗量巨大，把西瓜皮做成腌菜十分经济实惠不浪费，即使在今天也是如此。这里有一份当代食谱，来自1989年出版的《午餐会：来自冷饮吧黄金时代的冰激凌、饮料和三明治食谱》(*Luncheonette: Ice-Cream, Beverage, and Sandwich Recipes from the Golden Age of the Soda Fountain*)，经作者帕特里夏·凯利(Patricia Kelly)的许可收录如下：

西瓜皮泡菜

2杯西瓜皮，去掉红瓤和外皮，切成1/2到1英寸的小块

1汤匙盐

1杯苹果醋

1杯糖

1根肉桂棒，敲碎

1/4汤匙整粒丁香

1/4汤匙整粒胡椒

1/2英寸的姜，切片

将准备好的瓜皮与2杯水和1汤匙的盐混合，浸泡一晚。

沥干外皮，但不要冲洗。

将醋和糖放入锅中。用一块方形的薄纱棉布将香料包好、系紧，加入糖醋混合物中。煮沸并搅拌使糖溶化，开小火，加入瓜皮，

炖煮一小时。

取出香料袋，不要把汤倒掉。把煮好的瓜皮倒入容器中，放冰箱冷藏储存。

配曼彻格奶酪或陈年佩科里诺奶酪吃尤其美味。

第三章

欧洲铁路上的美食

东方快车——这个名字使人联想起裹着皮草、珠光宝气的时髦女子和身着黑色晚礼服的男子，操着各种语言在觥筹交错中谈笑风生。晚餐时分，流淌的香槟闪闪发亮，灯下的鱼子酱颗颗晶莹。乘客中可能藏着一个大作家或谋杀犯，最不济也得有一个皇室成员携情人微服出行。餐车里，邻桌那对男女絮絮而谈的是甜言蜜语还是国家机密？

没有哪辆列车能像东方快车这般令人遐想无穷，也没有哪辆列车能衍生出这么多小说和电影，难怪传说与事实交织在一起难辨真伪。甚至连"东方快车"这个名字也不完全准确。1872 年，乔治·纳吉麦克创建的是"国际卧铺车公司"而不是"东方快车"。在巴黎和当时被称为君士坦丁堡（现在的伊斯坦布尔）* 的城市之间运行的列车叫做"Express d'Orient"，被翻译成"东方快车"。这个名字在 1911 年才被正式采用，并广泛用于各种路线和列车，甚至

---

* 原文如此。君士坦丁堡在拜占庭帝国灭亡后被改名为伊斯坦布尔，但君士坦丁堡之名仍被西方国家沿用，直至 1923 年，土耳其建国后才正式得到国际承认。——译注

成了欧洲豪华旅行的代名词。

在19世纪末和20世纪初，旅游在欧美的精英阶层中变得越来越普遍。“好客”这个词不再只是一种礼仪而是成了一个产业。酒店经营者凯撒·里兹（César Ritz）和名厨奥古斯特·埃斯科菲耶（Auguste Escoffier）是行业的领路人。他们共同革新了酒店和餐馆，创造了一种风靡国际的迎合富裕旅行者的风格。他们在各种旅游热点城市合作经营——蒙特卡洛、伦敦、罗马、巴黎——所到之处都受到时髦人士的追捧。

44

里兹为欧洲酒店带来了诸如私人浴室、电话、电灯、高档床品和家具等革新。他深知新一代富裕阶层的旅行者希望酒店能揣摩出他们每一个需求并予以满足。他也意识到豪华酒店的绝配必须是豪华餐厅。埃斯科菲耶曾受训于法国学徒制度，因此当1884年应里兹之邀前去蒙特卡洛大酒店工作时，他是有备而来。30多岁时，他就已经在法国南部和巴黎的餐馆和酒店工作过，普法战争期间，他在不同驻地为军队掌勺。战后，年仅27岁的他成了巴黎“小红磨坊”（Le Petit Moulin Rouge）的主厨。在那里，以及之后在巴黎和里维埃拉的其他餐馆，他建立了卓越的声誉并拥有了一批忠实的“粉丝”。

虽然接受的是传统美食的培训，但埃斯科菲耶在菜品中加入了自己的创意和想象力，并开始与著名的安东尼·卡雷姆（Antoine Carême）等前辈厨师那种奢华过头的菜式渐行渐远。埃斯科菲耶的菜单如今看来还是很奢华，但与之前的法国厨师相比已经节制多了。他舍弃了过去那种挖空心思的装饰菜，强调食物的口味而不是浮夸的品位，同时也不忘设计出精美的摆盘。他还会为名流设计以他们名字来命名的专属菜品，以此笼络客户。“桃子梅尔芭”(pêche Melba)是他最有名的作品之一,是为当时正主演《罗恩格林》的歌剧明星内莉·梅尔芭(Nellie Melba)创作的。“桃子梅尔芭”是一个极好的例子,说明他是如何创造出美味的菜色并以充满才华的方式加以呈现,即使是对他最审美疲劳的客人也会被打动。这道甜品最初的版本是将新鲜的桃子用水煮过,放在浓郁的香草冰激凌上,顶上用一圈拔丝糖装点,最后盛放在优雅的冰雕天鹅中食用。后来则改为淋上新鲜的覆盆子酱,冰雕天鹅也没了。以知名顾客来命名菜肴是埃斯科菲耶及其他厨师建立客户群的一种方式。

埃斯科菲耶对后厨进行了规划重组,大大加强了其功能性。从调制酱汁到准备冷盘,从煸炒到烘焙,每个厨师都有自己的分工。这个系统省去了重复劳动,给后厨带来了新的效率。它还使像餐车厨师那样在小型厨房里作业的同行们能够更高效地工作。他的后厨系统成了全世界餐馆的模板。埃斯科菲耶的美食之所以享誉欧洲,一部分要归功于他本人的游历和写作,另一部分则要归功于他那群有钱有闲步履不停的顾客。那些在他手下培训过的厨师们也不断地提升着他的声望,而这些厨师又培训了更多在餐馆、酒店、游轮和火车上工作的后辈。埃斯科菲耶式的高级烹饪就这样影响了全世界。

45

设定新标准

纳吉麦克期望他的新公司能够达到欧洲的丽兹酒店和埃斯科菲耶以及美国的德尔莫尼科和普尔曼所创设的标准。他已经习惯了在欧洲的餐馆和酒店里享用美食,但在大多数情况下,欧洲的火车并没有那么奢华。从 1867 年到 1868 年,纳吉麦克在美旅行期间对普尔曼卧铺车厢和餐车的优雅华丽印象深刻，并决定将其照搬到欧洲的火车上。

然而这并非易事。每个欧洲国家都有各自的语言、各自的标准和各自的权力斗争。一些国家的首脑认为火车属于军事物资，不希望他们的邻国和潜在的敌人能够使用缴获的铁路车辆。他们对防止火车过境的兴趣要大过让火车畅行无阻。因此火车不可能像穿越美国那样简单地穿越欧洲。从一个欧洲国家到另一个欧洲国家的旅客通常得在到达边境前下车，通过边防安检，徒步走到另一辆火车上，然后才能继续旅行。纳吉麦克希望他的乘客在旅行时能够像在自己家里或高级酒店一样放松地无缝穿越各国边境。这意味着他必须说服各国铁路的老板们进行合作，而他深知要做到这一点，最好的办法就是获得王室的支持。

纳吉麦克成功争取到了一位家族友人的支持，即比利时国王利奥波德二世（Leopold II）。国王本人是个火车迷，而且与欧洲几乎所有的王室成员都有亲戚关系。维多利亚女王是他的表妹；奥地利的约瑟夫大公（Archduke Joseph of Austria）是他的岳父；而在大西洋的另一边，他的妹妹卡洛塔（Carlota）是墨西哥皇后。这位后来因其对刚果人民的残暴和剥削而臭名昭著的国王，将他的名号和王室声望借给了这项业务，但没借钱。事实上，多年后纳吉麦克不得不自费打造了一辆豪华的私人车厢，以满足利奥波德二世最宠爱的情妇卡罗琳·拉克洛伊斯（Caroline Lacroix）的品位。然而，王室赞助人的明星效应还是值回了票价。国际卧铺车公司总是吸引着那些富有的、迷人的、美名远扬和臭名昭著的人。

46 尽管是受到了普尔曼的启发，但纳吉麦克也为适应欧洲人的喜好做出了调整。他知道，美国火车的开放式设计并不适合富裕的欧洲旅行者。这些人想要私密性，有封闭的车厢，还得有独立的佣人房。他们还想吃到那些在伦敦或巴黎享用惯了的美食。

试　运　营

在经历了种种困难和多次延期之后，主要是因为普法战争的爆发，纳吉麦克计划在 1882 年 10 月从巴黎到维也纳搞一次试运营。他和受邀来宾于 10 月 10 日星期二从巴黎的斯特拉斯堡火车站出发，一天后抵达维也纳，在 28 小时内行驶了近 839 英里。这列火车被称为“豪华列车”(Train Éclair de Luxe)，或闪电式豪华列车，尽管其时速还不到 30 英里。车上饰有公司醒目的青铜商标，描绘着两头狮子以及刚扩展过的公司名——“国际卧铺车及欧洲豪华快车公司”(Compagnie Internationale des Wagons-Lits et des Grands Express Européens)。

图 2　国际卧铺车公司餐车

列车最显著的特色是其餐车。饭菜接近当时人们期待能在高级餐厅或酒店享受到的品质，又是在行驶中的火车上烹饪上桌的，因此更令人惊叹。

晚餐菜单里有必备的牡蛎，然后是汤，接着是鱼。此次供应的是当年大受欢迎因此被戏称为“四旬斋之王”（le roi du carême）[1]的多宝鱼。菜单上没有说明是如何烹饪的，但一般来说是水煮。多宝鱼体型巨大，人们因此设计了专门的烹饪容器，叫做“菱形烧鱼锅”（turbotière），即一个菱形的、有盖的平底锅，通常由铜制成，来适应这种鱼特殊的形状和尺寸。一条多宝鱼可以有 40 英寸长，重达 50 磅。鱼肉常搭配青酱一起食用，应该是一种用新鲜的绿叶菜如香芹、欧芹、水芹和菠菜制成的蛋黄酱。

其他菜肴包括“猎人烩鸡”（chicken à la chasseur）——一种用蘑菇、香葱、西红柿和白葡萄酒炖的鸡肉。还有一道菲力牛排配土豆，就是把土豆切成橄榄形然后用黄油煎炒。还有一道冷热野味，即给一道热菜浇上酱汁做成肉冻，然后以冷盘的形式上桌。这是当时很流行的菜肴，也有装点餐桌的作用，它的优点是可以事先准备好。最后整顿大餐以甜点自助收尾。

47 一年后，即 1883 年，东方快车正式投入运营，首发路线是从巴黎到伊斯坦布尔。此时纳吉麦克 38 岁，这是他自访美归来后筹备已久的旅行。

一大批兴致高昂的人们聚集在巴黎东站，为火车送行。在例行的香槟祝酒和长篇致辞后，火车终于驶出了车站。它的国际性在乘客身上反映出来——纳吉麦克邀请了法国、比利时和奥斯曼帝国的政府官员，以及银行家、铁路主管和作家。跟普尔曼一样，纳吉麦克也深知媒体公关的重要性。他确保作家们都在车上为这次旅行宣传造势，并提供大量的香槟酒以启发他们的灵感。到场的还有当时最受欢迎的两位作家，即法国畅销小说作家埃德蒙·艾伯特(Edmond About)和《伦敦时报》(*London Times*)驻巴黎记者亨利·奥佩尔·德·布洛维茨(Henri Opper de Blowitz)。

这列火车由一部车头、一辆邮车、三辆卧铺车、一辆餐厅车和一辆行李车组成。由于厨房不够大，无法容纳旅途中的奢华美食需要的全部食材，因此行李车承担了双重任务。除了装载乘客的行李外，它还配备了一个冰柜，用来存放食物、葡萄酒、香槟和利口酒等物资。[2]

车厢表面被漆成宝蓝色，并带有镀金字样。卧铺车厢内部是柚木和桃花心木的镶板墙，车门和车厢壁上饰有嵌花图案。窗户上的大马士革帷幕可以用带金色流苏的丝绳系住，以便乘客欣赏沿途的风景。座位是覆着软皮的垫子，到了晚上可以改成床。[3]每个车厢都有一个铃，用来在需要时呼叫乘务员，还有一个话筒，可以跟驻扎在车厢尾部的列车长通话。

厕所位于每节车厢的末端，里面安装着大理石的浴缸和陶瓷盥洗盆，新换的毛巾、香皂和花露水就在手边。一名服务生随侍在门外，准备在乘客使用后进行清洁，待下一位乘客到来之时，里面又是干净如初。

餐车里有一个女士客厅，墙上挂着壁毯，房间里摆着一个带刺绣纹样的躺椅，优雅的椅子和边桌，还有美丽的丝绸帷幔。虽然第一段旅程中没有女性乘客，但有两位女士在维也纳上了车。车厢的另一端是一个俱乐部式的吸烟室，供男性乘客使用。里面摆放着皮质扶手椅，书柜里排满了书籍、地图、旅行指南和来自沿途各国的报纸。

48

用餐区的装潢具有那个时代的华丽风格，墙上是用桃花心木、柚木和黄檀木做成的镶板和雕饰，还有一个以绘画装饰的天窗，窗户之间挂着水彩画和蚀刻画。用来照明的是煤气吊灯，柔和的灯光令人感到温馨愉悦。房间一边是四人桌，另一边是双人桌，总共42个座位。桌上装饰着鲜花，巴卡拉水晶杯闪闪发亮，餐具全部是纯银打造，瓷盘上印有公司的金色纹章。

首发列车的晚餐菜单上列出了十道菜，从浓汤到雪芭，从鱼子酱到山羊肉，还有水果、高级葡萄酒，自然也不能少了香槟。食物是由一位来自勃艮第的厨师准备的，报告中没有提到他的名字，但据说是一个留着黑胡子的大个子。[4]

图3　19世纪火车内部的豪华餐车

卧铺车公司的人员配置

49

就像高级酒店的礼宾员一样，卧铺车公司的工作人员也需要处理一切事务，从预订服务到解释各种复杂的国际线路，从确保乘客和行李同步到达目的地到推荐萨拉热窝的最佳垂钓地点。海关检查是在火车上进行的，通常不会打扰到乘客或打开他们的行李。据乘客说，以前的检查会“把行李翻得乱七八糟”[5]。

每位员工，无论职位高低，都被要求业务熟练、礼节周到、头脑灵活。无论乘客多难搞，员工都要以礼相待，并满足他们的所有要求。卧铺车公司的工作团队从一开始就十分杰出。它是由一名厨师长或列车长领导，但他不是厨师，而是卧铺和餐车的经理，这个职位颇像今天一家高级酒店的总经理。列车长会知道有哪些乘客以及他们可能有什么需求，也懂得基本的急救措施，并能够化解出现的任何问题。

列车长下面是负责管理餐车工作人员的酒店经理。服务生都穿着晨礼服、过膝马裤、白色长袜和带扣的鞋子，看起来就像宫廷侍从。20 世纪之后他们则穿着宝蓝色镶金边的正式铁路制服，看起来更像军官。[6]

比起外表，车组人员的语言能力更令乘客钦佩。他们被要求至少会说三种语言，通常是法语、德语和英语，而且不少人还不止这三种。1894 年，他们用各自的语言集体给纳吉麦克发了一封电报，向他致以新年的问候。据驻伦敦经理 H.M.斯诺（H. M. Snow）先生报告说，这封电报使用了多达 50 种语言和方言。[7]

厨师长领导着由副厨师长、厨师和清洁工组成的后厨员工。卧铺车公司的主厨通常是法国人，地位与当时顶级酒店餐馆的大厨相当。厨师们要能够为最挑剔和最苛刻的乘客端上他们想吃的任何东西，据说还可以为有需要的乘客提供洁食或清真餐。乘客们经常试图挖角，邀请厨师们离开铁路，到私人宅邸或高级餐厅去工作。根据当时流行的传说，这些人全都被婉拒了。

所有卧铺车公司的员工都被要求非礼勿言。如果一个服务生看到 X 先生跟 Y 女士而不是他的妻子一起旅行，他绝不会透露一个字。国家机密或个人隐私可能会被偷听到，但绝不会传出去。守口如瓶何其可贵，乘客为此亦出手大方。因此有些铁路员工在离职后能够自己开饭店或旅馆，其他人则享受着舒适的退休生活。[8]

头等舱的旅行

最初从巴黎到伊斯坦布尔的火车上只有头等舱，因此费用十分昂贵。19 世纪 80 年代的往返票价为 60 英镑，[9] 比乘客的仆人的平均年薪还高。[10]

首发列车的行程并非如人们传说中的那样圆满成功，也不像后来的旅行那么顺利。乘客在巴黎上车后，先到慕尼黑，然后到维也纳，再到罗马尼亚的朱尔朱(Giurgiu)。由于沿途各站都有接待和庆祝活动，这一路上花了很长时间。当他们到达朱尔朱时，乘客们还得下车转乘渡轮，渡过多瑙河前往保加利亚的鲁塞(Ruse)。在那里，他们登上了一列不豪华的普通列车前往海滨城市瓦尔纳(Varna)，之后再乘坐轮船沿着黑海航行，最后抵达伊斯坦布尔。据

《时代周刊》1960 年发表的一篇文章说,这次旅行“伴随着所有跨境仪式和沿途的围观群众,2 000 多英里的路程花了 6 天 6 个小时”[11]。

尽管如此,1883 年的这次旅行还是大受欢迎、生意兴隆,让纳吉麦克决定增开新的班次和线路。到 1889 年,火车已经可以无须转程直达伊斯坦布尔。为了确保东方快车的乘客在到达目的地后能继续享受舒适的服务,1892 年,公司在伊斯坦布尔建造了佩拉宫酒店(Pera Palace Hotel)。两年后,纳吉麦克成立了国际大酒店公司(Compagnie Internationale des Grand Hotels),开始在开罗、尼斯、里斯本和奥斯坦德等城市经营豪华酒店。到 19 世纪末,该公司的铁路连接了除伦敦外欧洲所有的主要城市。它的 550 节车厢每天行驶超过 9 万英里,每年运送近 200 万名乘客往返于里斯本、马德里、巴黎、罗马、维也纳和圣彼得堡。

1897 年,一列从罗马开往加莱的全新的豪华列车——“罗马快车”(Rome Express)首次亮相。一位没有透露姓名的英国商人在当年 12 月的《铁路杂志》(*Railway Magazine*)上用大量溢美之词描述了他第一次乘坐罗马快车的经历。事实上,这次旅行让他大开眼界以至于在文章结尾写道:“万分感谢,纳吉麦克先生!”他充满赞许地提到,火车的温度保持在舒适的 68 华氏度,海关检查是在他睡觉时进行的,而且列车长非常有礼貌,“顺便说一句,还是个英国人。”这位作者十分乐于结交其他乘客,尤其喜欢车上的伙食。他认为下面的这份午餐菜单是“简单而健康的”:

51

各式开胃菜

白葡萄酒酱汁海鲈鱼

赛尼斯山羊排

英国豌豆

家禽肉冻卷

红腌牛舌

奶酪

水果

咖啡和利口酒

他是在 11 月旅行的，因此提到这些豌豆很新鲜，来自意大利南部的布林迪西(Brindisi)。甜品中的梨是“我吃过的最好的，还有夏瑟拉白葡萄(Chasselas)——真正的葡萄”。火车路线穿过赛尼斯山(Mont Cenis)的隧道，所以羊排是赛尼斯山羊排。家禽肉冻卷是一种去了骨的填馅鸡肉卷，通常作为冷盘，是一道可以事先预备好的菜肴，对备餐来说很方便，因为火车离开加莱后紧接着就要上午餐。同样，“红腌牛舌”是腌渍过的牛舌，是当时另一道流行的冷盘。他写道，午餐的价格“只要 4 先令！”当天下午晚些时候，还上了茶点。到了晚餐时间，他和同行的旅客们，其中有一位伦敦的报社编辑、一位著名的歌剧演员和他“迷人的妻子”、俄国皇室成员以及英国驻罗马大使馆的一位随员都来到餐车并享用了以下晚餐：

开胃菜

清炖汤

比目鱼配蛋黄奶油酸辣酱

烤牛腰肉

法式绿豆角

谷饲鸡

沙拉 52

罗马快车特供舒芙蕾

冰激凌

奶酪、甜点

咖啡、利口酒

这是当时典型的富人菜单。如今清炖汤(consommé)已不常见,但在19世纪末和20世纪初,它和甲鱼汤都是晚餐菜单上的常客。这道汤看似简单,其实做法十分复杂。它的确是一种肉汤,但却是肉汤中的极品,也是对厨师技能的一种考验。另一位《铁路杂志》的撰稿人称它是对后厨"绝对可靠的试金石"。[12]这道菜首先需要一份上好的高汤,然后在高汤中加入"筏子"。"筏子"是蛋清、肉末、调味蔬菜(即细细切碎的胡萝卜、洋葱和芹菜)、番茄,以及香草和香料的混合物。当汤汁煮沸时,混合物聚集在一起飘上来,宛如海中的一个岛屿,或一个筏子。筏子可以把所有会让汤汁混浊的杂质滤出。这一步骤结束后,必须小心翼翼地将筏子撇掉。这样做出来的清汤应该是鲜美浓郁且澄澈剔透的。

尽管熬汤很耗时,但它可以大量制作后冷藏,重新加热即可上桌,这在餐厅后厨里是一个优点。如今现代的烹饪法简化了澄清的过程,清炖汤或许能再度流行起来。 53

当年的烹饪书里有许多不同的清汤食谱。《拉鲁斯美食百科》(*Larousse Gastronomique*)中列出了二十多种不同的清汤,从加了松露和波特酒或雪利酒的冷汤，到加了水煮鸡冠和鸡肾、大米、豌豆和切成细丝的煎饼的法式澄清汤。这本书里没有收录清炖汤，但其他料理书则不然，而且描述各不相同。有些书说应是鸡汤配奶酪小泡芙，还有些则说是加入了白鸡肉条，另有些记录为用鸡丝、鸡舌和芦笋进行点缀。具体操作可由厨师自选。

菜单上的鱼是比目鱼，一种大而扁平的淡水鱼，配荷兰酱一起食用。“Aloyau de bœuf rôti”是一种烤制的牛腰肉。作者没有说晚餐上的青豆角产自何处，但据推测它们和午餐时的豌豆一样新鲜。谷饲鸡(Poulet de grains)是指用玉米喂养的鸡，这听起来好像来自21世纪的菜单，其实在19世纪也不鲜见。

这顿大餐只花了5先令6便士，作者赞其物美价廉。席间他和旅伴们分享了“一瓶淡味波尔多酒和一瓶1884年的皇室干香槟”。他写道：“别怕，亲爱的读者，我们有三个人呢，使馆随员，我的编辑朋友，还有我自己。”按如今的标准三个人干了一瓶葡萄酒加一瓶香槟已经不少了，何况晚餐后他们还去了吸烟室，一边打牌一边喝威士忌兑苏打，然而这在当时实属平常，并不算饮酒过量。

早餐也是非常讲究的。一个服务员来到作者的房间，询问他想喝咖啡、茶还是巧克力。几分钟后，服务员回来了，“在我包厢床边的小桌子上，一张漂亮的白色餐巾摊开来，侍者奉上了一杯美味的拿铁，几片吐司和一个布里欧面包。”

作者显然是一个热爱美食的人，总是惦记着下一顿饭吃什么。当火车穿过皮埃蒙特(Piedmont)的葡萄园并经过阿斯蒂(Asti)时，他写道：“我必须在午餐时喝点儿这儿的起泡酒。”当火车驶向亚历山德里亚(Alessandria)时，他又写道：“我要用阿斯蒂起泡酒配着生火腿萨拉米吃。”

除了当时的标准菜单外，卧铺车公司的餐车也因提供沿途各地的特色菜而闻名。每到一站，他们都会挑选新鲜的农产品、本地烘焙的面包、该区域的葡萄酒，以及当地特产的任何东西以飨乘客。因此这位匿名作家大可以坐等在午餐时享用到起泡酒和生火腿。[13]

54

普尔曼在英国

当纳吉麦克在欧洲大陆建立起他传奇的卧铺车公司时，普尔曼也正将业务扩展到英国。1873 年，他与拥有全英最长火车线路的米德兰铁路公司（Midland Railway Company）签订了一份合同，为其提供餐车、客厅车和卧铺车厢。普尔曼精致的深棕色车厢比原有的英式车厢更现代也更优雅，让英国人十分满意。

英国铁路的乘客们曾以各种方式来解决旅途中缺乏食物的问题。有些人用“铁路伴侣”自带午餐，这种容器够装一个三明治、一个扁酒壶和一个蜡烛或一盏小油灯。之所以要带油灯是因为包厢里光线太差。[14]有些线路上会出售“午餐篮子”，里面通常有半只鸡、火腿或牛舌、沙拉、面包和奶酪，以及半瓶红酒，售价 3 先令。2 先令的篮子里有小牛肉和火腿派、沙拉、奶酪、面包和 1 瓶黑啤酒。还有种 1 先令的茶点篮子，里面有茶、面包黄油、李子蛋糕和 1 块巧克力。虽然在给食物保温和定点回收方面存在些问题，点心篮子还是很受欢迎的。克里斯·德温特·希伯伦在他的《高速用餐》（*Dining at Speed*）一书中谈到，铁路公司喜欢这些点心篮子，因为它们解决了在火车上用餐的问题，还无须购买和装备餐车并配备工作人员；乘客们喜欢则是因为它们自带野餐的欢乐气氛。[15]

即使在英国引入餐车后，也不是每条线路都有。作家菲利普·厄温（Philip Unwin）在写到20世纪初他的童年时代时，回忆起他与父母及兄弟姐妹从康沃尔度假回家，发现火车上没有餐车而感到非常懊恼。一位善解人意的列车长立即给前方50英里的车站发电报预订茶点篮子。当火车进站时，一位男士已经在站台上拿着篮子候着了。篮子里有一壶新沏的茶、牛奶、面包和黄油、马德拉蛋糕和果酱。厄温解释说，这些篮子上贴了“约维尔枢纽站”（Yeovil Junction）的标签，以便在回收时可以被送回正确的车站。他写道，这是“最干净利落的安排，也是那个时代的典型操作”。[16]

55

卫生间是普尔曼给英国铁路带来的最受欢迎的功能之一。此前由于英国火车上没有厕所，商店出售一种橡胶装置，男士们在出行前将其绑在腿上，外面套上裤子，这种装置被称为“秘密旅行厕所”。[17]而女士们就只能自力更生了。

普尔曼车厢由于采用了六轮或八轮设计，行驶起来也更稳当些，而英国车厢通常只有四个轮子，所以就比较颠簸。众所周知，普尔曼的列车稳到连乘客手中的香槟都不会洒出来。

第一辆普尔曼餐车于1879年在利兹和伦敦之间的大北方铁路上运行。在1917年出版的《普尔曼车厢的故事》（*The Story of the Pullman Car*）一书中，约瑟夫·哈斯班德（Joseph Husband）只提到火车上供应的第一顿饭里有“汤、鱼、主菜、烤肉，甜点是布丁和水果，一份地道的英国餐”[18]。

1882年，两辆新的普尔曼餐车从伦敦的圣潘克拉斯车站（St.

Pancras Station)到莱斯特(Leicester)进行了首次运行,《纽约时报》转载了《伦敦新闻》(*London News*)的一篇描述这次旅行的文章。文章记者称这些餐车为"技术、品位和智慧的奇迹"。他写道,餐车使用的是桃花心木,内部陈设"比会客室只稍有逊色"。每辆餐车有 10 张双人桌,并配有舒适的高背椅。每张桌子上都有一个电铃,用来呼叫侍者。餐车一端是吸烟室,另一端是后厨和管家的储藏室。关于饭菜本身,他写道:"虽名为'午餐',实际上却是一顿精心烹饪、服务周到的大餐,其菜单可媲美一流酒店,丰富的菜色令旅客赞不绝口。"[19]

56

遗憾的是,虽然他列出了所有参加首次运行的名流贵胄,但并没有列出菜单。据推测,该菜单与卧铺车公司餐车上的类似,或者如作者所说,可媲美一流酒店。

纳吉麦克的庆典

1898 年,纳吉麦克为庆祝卧铺车公司成立 25 周年,在其出生地比利时列日的皇家音乐学院举行了庆功宴。公司的火车将欧洲各地的铁路高管和政府要员接到比利时参加这场盛会。

宴会菜单上绘有手持火炬的女神、印着 1873—1898 年的日期、国际卧铺车及欧洲豪华快车公司的名称,以及公司的徽章。晚宴也同样隆重。除了牡蛎和海龟汤,菜单上还有酒炖三文鱼——将整条鱼填馅后再用红酒炖,并配以鱼丸、蘑菇帽和切成橄榄状的松露等美味食材,是一道十分雅致的菜肴。

此外,还有鹿脊肉、龙虾肉冻和香槟松露。科莱特曾写道,用白葡萄酒其实也是一样的，但对于卧铺车公司的周年纪念晚宴来说，必须得是香槟。菜单里还有鹅肝冻。这道菜最有名的配方之一来自法国名厨费尔南德·波因特(Fernand Point)，他将鹅肝用波特酒、干邑白兰地和肉豆蔻腌制，嵌入松露，再用鸡油浸泡。此次纪念晚宴所用的很可能就是这个做法。

普隆比耶尔冰激凌是晚宴上的甜点之一。冰激凌通常是用57杏仁奶制作的，再加上打发的鲜奶油和浸过樱桃酒的蜜饯，被称为 plombière impératrice，即“可呈皇后”，指其口感醇香浓郁。

宴会的重头戏是“卧铺车冰激凌”，即将冰激凌装在用杏仁蛋白糖制成的卧铺车复刻模型中端上来。

铁道的另一面

普通人负担不起纳吉麦克的卧铺车，也不会期望如此奢华，而当那些负担得起的人坐上不那么奢华的列车时则会心生不满。他们的抱怨偶尔也见诸报端，这些怨念之词无意间暴露出了普通旅客所忍受的不便。

1886 年，与英国王室有亲属关系的斯托克尔男爵夫人(Baroness de Stoeckl)将其地中海之行总结为“好不容易熬过来了”。这次旅行不是她所习惯的那种风格，从没有餐车到简陋的卧铺，她都很不满意。虽然座位拉下来可以变成一张床，但没有床单或毯子，租个枕头还要花 1 法郎。因为可能会有意外发生，所以脱衣服是不安全的。火车上也没有厕所。她在文中说，“大多数人都会带上一个最有用的家用盛器，每清空一次就得开一次窗。”

由于火车上没有餐车，男爵夫人只得去吃车站的自助餐。她对在车站争抢食物的描述会让全世界的普通乘客产生共鸣。她写道：“人们疯狂地争抢着自助餐”，而她还没开始吃，就听到有人宣布火车要开了。她抱怨说，乘客们不得不像疯子一样跑回车上。次日早上，她的早餐不是1897年罗马快车上提供的那些可爱的东西，而是一杯“装在破杯子里的咖啡和一个已经被碟子上洒出来的咖啡弄湿的羊角包……从窗口粗暴地塞进来。”[20]。

即便普通火车上有餐车，其体验可能也达不到普尔曼或纳吉麦克的一般标准。1900年，美国人弗朗西斯·E.克拉克（Francis E. Clark）博士从中国穿越俄罗斯时乘坐的西伯利亚快车上有一个餐车。然而他说：“普尔曼简直无法容忍这就是他发明的餐车的后代。”车厢中间放着一张长桌，可坐20人，一头有个吧台，提供酒水和“一些俄罗斯人心目中的美味佳肴，如鱼子酱、沙丁鱼和其他小鱼”。在描述这趟旅行时他写道：

> 毫无疑问，人们必须习惯油腻腻的西伯利亚汤和硬邦邦的炖肉块，它们可能是牛肉、羊肉或猪肉，天晓得到底是哪个。但是选择穿越西伯利亚的旅行者不应胆怯，一想到能一边在餐车里吃饭（无论多么原始），一边从堪察加半岛以南的平原上呼啸而过，就足以摧毁所有环球旅行者中最有成见的人想要挑刺儿的念头了。

58

克拉克对西伯利亚铁路的描述与纳吉麦克当时在巴黎世博会

上展出的火车截然不同，克拉克很清楚这两者之间的差距。他写道：

> 巴黎世博会使西伯利亚豪华列车闻名遐迩，它有活动全景图技术，有圣彼得堡和北京的终点站，以及7法郎一份的晚餐。还有报社记者，只在想象中看见过它，当他坐在自己舒适的炉边，重复着关于其豪华壮丽的二手信息时，就已为其宣传出了一份力，直到全世界好奇的人们都知道了它是个实打实的轮上华尔道夫……我们读到了图书馆车厢和浴室车厢，在健身房车厢人们可以踩固定自行车踩上一百年，优雅的晚餐，理发店每天早上为乘客免费刮脸，还有钢琴和其他奢侈品，不胜枚举。而事实上所谓的西伯利亚豪华列车是一辆相当破旧的连廊列车，只有三辆卧铺车、一个餐车和一个行李车，至少在1900年6月20日从伊尔库茨克（Irkutsk）出发时只是如此。与我们之前乘坐的四等移民列车相比，它确实堪称豪华，但与最好的美国火车相比还有很大的差距。但是必须要注明一下，最好的车厢已经被送往巴黎参加世博会，而我们乘坐的这辆无疑是低于平均水准的。[21]

西伯利亚在巴黎

1900年的巴黎博览会向参观者展示了许多奇迹，从埃菲尔铁塔到亚历山大三世桥的辉煌，从摩天轮到有声电影，从里昂火车站自助餐厅（后来被称为蓝色列车餐厅）的开业，到德国的一便士自动售货机餐厅，这是后来纽约的自动餐馆的前身。

其中一个景点就是克拉克在书中提到的西伯利亚豪华列车的移动全景图。纳吉麦克公司为世博会带来了三辆 70 英尺长的车厢，分别是客厅车、餐车和卧铺车。参观者可以花一个小时坐在优雅的车厢中，观看沿途的风景，模拟体验一下为期两周的穿越西伯利亚之旅。莫斯科、北京和长城的景色是由四层道具和绘画组成，以不同的速度在传送带上移动。第一层是沙子和岩石，接下来是一个绘有灌木和绿植的屏幕，然后是一个以远山、森林和河流为主的屏幕，最后的图像是沿线城市和地标的实景。全景图被放置在世博会俄罗斯馆的西伯利亚区。 59

为期 7 个月的世博会吸引了超过 400 万的观众，这对纳吉麦克来说是一个向大众宣传其顶级车厢的绝佳机会。那些体验过西伯利亚列车全景图的人都会对这幅豪华旅行的蓝图留下良好的印象，其中有些人或许会想到要预订一次。如果得以成行，说不定他们会像广告宣传的那样收获颇丰。即便还有些例外，但早期火车旅行的成长之痛已是历史，未来看似一片光明。

埃斯科菲耶的影响

20 世纪初，查尔斯·奥古斯特·埃斯科菲耶是世界上最著名的大厨。他为王室和名流烹饪，并在 1919 年成为第一个被授予法国荣誉军团勋章的厨师。在他于 1935 年去世后的很长一段时间里，他的成就还继续影响着后厨组织架构，以及餐馆、酒店、邮轮和铁路餐车上的佳肴。 60

与他同时代的内莉·梅尔芭女爵，是当时世界上最著名的歌剧演员。与埃斯科菲耶一样，她也是一位名人。生于澳大利亚的梅尔芭曾在世界各地演唱，从考文特花园到斯卡拉大剧院再到大都会歌剧院，难怪埃斯科菲耶会创造一道美食来纪念她。

若是按真正的维多利亚风格，这道菜应该像埃斯科菲耶所做的那样，放在冰雕的天鹅里，周围饰以拔丝糖。

桃子梅尔芭

4 个桃子

覆盆子果泥（做法见后文）

1 品脱香草冰激凌

将桃子在沸水中焯一两分钟，取出并沥干。当它们冷却到可以处理时，去皮、去核，切成两半或切片。

把冰激凌舀到四个盘子或碗里，将桃子摆放在上面。浇上一些覆盆子果泥即可上桌。

覆盆子果泥

2 品脱新鲜覆盆子，或 12 盎司 * 解冻后的冷冻无糖覆盆子

1/2 杯糖

1 茶匙柠檬汁

---

* 1 盎司约等于 28.35 克。——编者注

将所有材料放入深煮锅中，用中火加热，偶尔搅拌一下。达到沸点后，煮到果浆开始变稠。用筛子过滤，压出所有果汁，直到只剩种子为止。放置冷却。

埃斯科菲耶的华尔道夫沙拉

华尔道夫沙拉最初来自纽约的华尔道夫大酒店，如今这道用芹菜、苹果和核桃做的沙拉常被嘲讽为糊满了甜蛋黄酱的杂烩。在埃斯科菲耶著名的《烹饪指南》(*Le Guide Culinaire*)中也有一个做法。他用的是根芹而不是西芹，他确实也用蛋黄酱调味，但又以肉冻将其稀释。由于我们大多数人的冰箱里没有肉冻，可以改用一些柠檬汁。

华尔道夫沙拉

1 杯切碎的苹果

1 杯切碎的芹菜

1/4 杯切碎的烤核桃

1/4 杯蛋黄酱

1 汤匙柠檬汁

盐和胡椒粉适量

沙拉蔬菜

将苹果、根芹和核桃混合在一起。在蛋黄酱中加入柠檬汁，并与苹果、芹菜和核桃轻轻拌匀。加入盐和胡椒粉调味，放在沙拉蔬菜上食用。

第四章

移动餐馆

1900 年的 1 月 1 日，不仅仅代表着新日历的第一页，也不仅仅是一年或一个世纪的开始，而且是一个更繁荣的新时代的起点。时代正在改变。

在富裕阶层中，服饰、家居和宴饮都变得更加轻松和随意。他们不再有时间去吃十道菜的大餐，更主要也不再雇得起那么多佣人了。人们有的是钱可赚，也有的是地方可去。妇女有了更多的自由，一些人离开了女仆和管家这种服务性行业，去办公室当起了打字员和速记员。

在英国，维多利亚女王于 1901 年去世，爱德华七世继位，为王室和国家带来了一个不同以往的更有活力的氛围。爱德华时代被描绘为一个快速前进的年代，也是现代性的开端。同年在美国，威廉·麦金利(William McKinley)被暗杀后，西奥多·罗斯福就任总统，上任时只有 42 岁，是美国最年轻也最有活力的总统之一。那是一个充满希望的时代，工资在增加，工时在减少，对许多人来说，一周的工作日是五天而不再是六天。一些工人还有了带薪假和节日假，因此有条件也有意愿出门旅行。而铁路公司对此早已做好了准备。

在20世纪初，大多数火车都有了连廊、电灯、冲水马桶和中央供暖，曾让许多乘客怨声载道的大锅炉已成往事。铁路发展得更快，也走得更远，铁轨在各国和各洲之间纵横交错。1902年《国家地理》杂志上的一篇文章称，美国拥有近20万英里的蒸汽铁路，俄国有近3.5万英里，德意志帝国近3.2万英里，法国超过2.6万英里，印度2.5万英里，英国和爱尔兰2.17万英里，意大利近1万英里。火车正在穿越日本、中国和阿尔卑斯山脉，很快也将穿越安第斯山脉。

64

人们可以在短短2天内乘火车从巴黎到达罗马，从英国到意大利也只需3天。横跨美国的旅行不仅比以前更快还更便宜。长途特价票和经济车厢使跨国旅行比以往任何时候都更实惠。因此，那些过去从未奢望过出门旅游的家庭现在都纷纷踏上了度假的旅程。

国 王 已 死

在世纪之交的几年内，铁路旅行和铁路餐饮业的三位巨头陆续离世，由后人接手了他们创立的事业。

乔治·普尔曼于1897年去世，生前被一场丑陋冗长的劳资纠纷搞得名誉扫地。他死后，已故总统的儿子罗伯特·托德·林肯(Robert Todd Lincoln)接管了这家公司。那时普尔曼的名字已经进入了大众词汇。一种最初被设计成可以放置在普尔曼车厢座位下面的小型行李箱被叫做普尔曼行李箱；市区公寓里的多功能小

65

厨房也被称为普尔曼厨房；一种在有盖锅中烘烤因此顶部平整可以无缝堆叠的面包叫普尔曼面包或三明治面包，锅也叫普尔曼锅。普尔曼去世多年后，大萧条时期那些时运不济的人们会跳上被戏称为“侧门普尔曼”(side-door Pullmans)的货运车厢坐上一程。普尔曼成功地改变了旅行方式并创造了一个蒸蒸日上的行业，他的成败都已成为铁路历史的一部分。《英国普尔曼列车》(*British Pullman Trains*)的作者查尔斯·弗莱尔(Charles Fryer)说得好：“普尔曼的名字最先出现在马车上，然后出现在火车上，最后变成了一个概念，即在相对艰苦中的相对舒适，是希巴利斯式的享受而非斯巴达式的苦修。”[1]

哈维，著名的哈维家园的创建者和哈维女郎的老板，于1901年去世。当时他所建立的连锁企业已经发展到拥有15家酒店、47家餐厅，以及横跨旧金山湾的渡轮上的餐饮服务。全国各地的火车线路上都有餐车，其中有30辆属于哈维的公司。他的儿子们在他去世后继续经营着公司。多年来，哈维的名字始终意味着高品质。

乔治·纳吉麦克逝于1905年。他在世时看到了欧洲铁路豪华游的梦想得以实现。在他去世前，东方快车在巴黎和伊斯坦布尔之间畅行无阻，再无须渡轮中转。加来—地中海快车(Calais Mediterranée Express)——即后来闻名遐迩的蓝色列车(Le Train Bleu)——正把高端乘客们送往里维埃拉时尚的度假胜地。其他线路的列车也气派地开往圣彼得堡、马德里、里斯本、维也纳和雅典。而他的视野并不局限于豪华火车旅行。为了确保他的乘客在抵达后也有足够高档的下榻之处，他在全欧洲盖起了11家一流酒

66

图 4　20 世纪 30 年代的儿乐宝(Playskool)普尔曼车厢玩具[由罗兹·卡明斯(Roz Cummins)提供,夏洛特·霍尔特(Charlotte Holt)拍摄]

图 5　泰迪熊在这个儿童普尔曼车厢玩具中旅行、睡觉和吃饭都很有风格(由罗兹·卡明斯提供,夏洛特·霍尔特拍摄)

店。纳吉麦克去世后,曾在 1893 年成为公司董事的戴维森·达尔齐尔(Davison Dalziel)接手了他的事业。“东方快车”这个名字至今仍是豪华旅行的代名词,即便在那些只坐过通勤火车的人们心中亦是如此。

火 车 长 存

最早的铁路行业始于少数人的浪漫追求，而当他们的背影远去，转而由精明的商人们经营时，是乘客和准乘客们让铁路的魅力长盛不衰。也难怪人们会把火车浪漫化。在20世纪早期，火车是那个时代的缩影——高速、现代、技术先进，代表着一个更美好、更有活力的未来。极少远行的人们从铁路上看到了各种各样的可能性。有些人，比如那些坐着移民列车前往西部的人，借由火车奔向了新的生活。其他人则坐着火车前往曾经离他们的穷乡僻壤遥不可及的城市寻找新的工作。最基本的是火车也把人们带到了新的度假胜地。火车使乘客的世界即刻变得更大、更可达。

67

相应地，周日报纸推出了旅游专栏，上面都是些实用的、以服务为导向的文章，而非人们在《大西洋月刊》(*Atlantic Monthly*)等杂志中会读到的深奥内容。为了增加客流量，南太平洋铁路公司于1898年推出了《日落》(*Sunset*)杂志，里面的文章介绍了其沿线的景点，如优胜美地山谷(Yosemite Valley)和圣克鲁兹(Santa Cruz)海岸线。它的主要市场是游客而非那些本就住在西部的人。杂志发行之初并没有刊登铁路广告，而是在酒店和火车站免费发放。而后不久就出现了广告，并可以付费订阅。[2]

大多数铁路公司都出版了旅游指南，介绍了火车沿线及目的地的景点。游客们也可以参考层出不穷的旅行书籍，里面介绍了异国情调的风景，列出了酒店和餐馆，还附上了地图。时刻表、海报、广告和宣传手册都有助于建设旅游业及增加铁路的营收。旅行者自己也经常会出版游记，并配上绝美的风景照当插图。因此，那些向往着远方的人是绝不会缺乏信息和刺激的。

对许多乘客来说，火车的象征就是餐车。在他们看来，火车基本上就是移动的餐厅。一位仅留下了姓名首字母落款为 T.F.R.的作家写道，他在环游世界途中把所有交通工具坐了个遍，从“自行车到热气球，然而没有一种旅行方式比特快列车的餐车更能激发我的想象力和骨子里的愉悦感”。T.F.R.还说，从伦敦到伊普斯维奇（Ipswich）仅有 75 英里的距离，他坐火车完全是为了去餐车上享用晚餐，以缓解他的“倦怠之情”。在他发表于 1900 年的《铁路杂志》（*Railway Magazine*）上的一篇题为《餐车之乐》（“The Pleasures of the Dining-Car”）的文章中，他向读者推荐：

> 一边以每小时五六十英里的速度飞驰着，穿过隧道，跨越河流，从美丽的草原腹地或宏伟的商业中心一闪而过——不断地吞噬空间，奔向远方，而同时却也舒适地享用着三文鱼配蛋黄酱，配着一杯上等的勃艮第酒或更好的气泡饮，剔下松鸡的腿肉，这是多么奇特的感受啊……这种移动方式令人兴奋的程度，好比让时间倒流、暂停，世上再无其他体验可与之相比。[3]

68

在多年以后的 20 世纪 40 年代，千里之外的一群得克萨斯人养成了在密苏里—堪萨斯—得克萨斯铁路线的“凯蒂号”列车（Katy Limited）上吃周日晚餐的习惯。他们先去圣安东尼奥（San Antonio）的教堂，然后乘火车去 83 英里之外的奥斯汀（Austin），在餐车上吃过晚餐后，再坐 3:20 的得克萨斯特快（Texas Special）返回圣安东尼奥。[4]

即使是很少旅行的人也是铁路及所有铁路相关事物的“粉丝”。住在乡下的人们会忆起幼时跑去当地的车站只为看火车驶过，同时梦想着有朝一日要去的远方，伤感地怀念着火车在铁轨上呼啸而过时的尖锐哨声。

69

上了年纪的纽约人还会谈起年轻时去中央车站，只为在那个富丽堂皇的建筑里漫步游荡，看火车来回穿梭。一些从未乘坐过像 20 世纪特快这种大名鼎鼎的列车的人，会想起年轻时来此参观，并设法说服车站保安让他们走走那块通向列车的红毯。许多人会深情地回忆起纽约宾夕法尼亚车站的宏丽壮观，并为它被拆除感到深深的遗憾。

歌曲和故事中的火车

几乎从一开始，火车就为作家、艺术家、作曲家和编舞家带来了灵感。卢米埃尔兄弟的无声电影《火车进站》（*L'arrivée d'un train à La Ciotat*）仅拍了一个蒸汽机车驶入拉西奥塔镇（La Ciotat）的车站的场面，时长只有 50 秒，却在 1896 年的巴黎首映时令观众大受震撼。从那时起，火车就出现在了无数电影中，有些展示了头等舱旅行的奢华富丽，而另一些，像 1980 年英国广播公司的经典电视剧《火车上的追捕》（*Caught on a Train*），则表现了更多乘客体验过的阴暗拥挤的乘车环境，以及在逼仄的车厢里可能会遭遇的惊心动魄。

最好的火车电影之一是米高梅的彩色音乐片《哈维女郎》(*The Harvey Girls*)，由朱迪·加兰(Judy Garland)、雷·波尔格(Ray Bolger)和安吉拉·兰斯伯里(Angela Lansbury)主演。该片于1946年上映，主题曲是约翰尼·梅瑟(Johnny Mercer)的《艾奇逊、托皮卡和圣达菲》("The Atchison, Topeka & the Santa Fe"，梅瑟在圣达菲之前加上了个定冠词，因为从音乐角度这样更好听)，电影和歌曲都非常流行。而讽刺的是，当时这条线路的经营已经陷入困境，按《美国的胃口》(*Appetite for America*)一书的作者斯蒂芬·弗里德(Stephen Fried)的说法，这首歌当年赚的钱比圣达菲铁路还多。[5]

多年以来，创作者们用数不清的歌曲让火车永垂不朽，欢快的有《查塔努加火车头》("Chattanooga Choo Choo")和《沃巴什炮弹》("Wabash Cannonball")，悲伤的有《兄弟能给我一毛钱吗》("Brother Can You Spare a Dime")，讲述那些修建铁路的人在大萧条中遭受的苦难。

1900年，一位名叫约书亚·莱昂内尔·考文(Joshua Lionel Cowen)的火车迷成立了一家制造火车模型的公司，结果是他把孩子们变成了火车爱好者。随后的几年，一套莱昂内尔火车成了全美国所有男孩和部分女孩最想要的礼物。他们一边把火车模型安装好并开动起来，一边想象着长大后坐着真正的火车去旅行。不少父母购买火车模型不光是为了孩子，也是为了他们自己。

70

像《小火车做到了》(*The Little Engine That Could*)、《小火车托马斯》(*Thomas the Tank Engine*)、《棚车少年》(*The Boxcar Children*)和《极地特快》(*The Polar Express*)等童书也让孩子们成

了火车迷。帕丁顿熊是英国儿童文学中一个深受喜爱的角色，他的名字就来自伦敦火车站。而当代儿童（和成人）读物中更著名的火车之一，当然是哈利·波特的霍格沃茨特快列车。

以火车为舞台的小说更是不胜枚举。从安东尼·特罗洛普和查尔斯·狄更斯，到最近的迈克尔·克莱顿（Michael Crichton）和保罗·索鲁（Paul Theroux），都将故事背景设置在火车上。但在铁路罗曼史上，伟大的阿加莎·克里斯蒂关于火车的小说及其改编的影视作品有着难以逾越的影响力。除了最著名的《东方快车谋杀案》，她还创作了《蓝色列车之谜》（*The Mystery of the Blue Train*）、《ABC 谋杀案》（*The ABC Murders*）、《命案目睹记》（*4.50 From Paddington*）和《火车上的女孩》（*The Girl in the Train*）。而谋杀案经常发生在克里斯蒂的火车上或火车附近这种事，并没有浇灭铁路迷对火车旅行的热情。

头等舱的旅行

20 世纪初，对于那些享受得起头等舱旅行的人们来说，火车宛如一个与世隔绝的泡泡，躲进去就能远离庸常烦恼。当乘客们飞驰在从巴黎到尼斯或从纽约到芝加哥的铁轨上时，他们可以享受到贴心的服务、精致的餐饮以及友人的陪伴，就算不是朋友至少也是能够轻松相处的人。

卢修斯·毕比属于那种最狂热的火车迷，他在描绘火车旅行的魅力时写道："乘坐蒸汽机车如同一次仙境中的美妙冒险，那里的天花板上画着小天使，一美元的晚餐里还能吃到甲鱼和上等牛排。”[6]

列车员、男仆和女仆们满足了乘客们的一切需求。在长途旅行中，他们可以舒舒服服地睡在新换过被单的床铺上，并在早上享用送进车厢的早餐。如果这还不够，一些卧铺车公司的乘客还可以让女仆再铺上一层丝绸床单。

女士们可以泡澡、修指甲、按摩放松，再做个头发。男士们则可以洗个淋浴，再叫人来修面擦鞋。如果乘客想让现实世界侵入片刻，股市行情和新闻晨报也随手可得。他们还能去吸烟室玩一把纸牌，要么从图书馆里找本书或杂志去观景车厢坐下来看。最美妙的莫过于期待一顿美味的晚餐，或许也可以先在吧台喝杯鸡尾酒。

头等舱的餐饮

20世纪初的餐车菜单虽较之前有所简化，却依旧不失优雅，部分地区的特色食品也在继续供应。乘坐罗马快车的英国人可以在途经意大利北部时吃到萨拉米生火腿配阿斯蒂起泡酒；乘坐加拿大太平洋铁路公司列车的乘客在往返于蒙特利尔和温哥华的路上则有新斯科舍（Nova Scotia）的三文鱼和不列颠哥伦比亚产的桃子。在从明尼苏达州到华盛顿州的漫漫旅途中，鸡肉派是大北方铁路的特产，广告中说它是用“大量去骨鸡肉、土豆，以及浓郁的鸡油面酱做成的，秘方是加入培根脆片”。[7]

72

不过，除了这些特色菜之外，各家餐车的菜单已经严重重复，远洋轮船、酒店和高级餐厅的菜单也差不多。无论富人在哪里旅

图 6 东方快车餐车

行，国际化的埃斯科菲耶风格都占主导地位。上层社会的旅行者对平民的"库克之旅"嗤之以鼻，嘲笑其千篇一律和缺乏新意，以及太英国化的烤牛肉和布丁；然而精英阶层的旅行也同样千篇一律和缺乏新意，只是形式不同罢了。除了少数无畏的冒险家，富裕阶层乘坐着同样的邮轮和火车，住在同样的酒店，跟同样的人社交。从纽约到尼斯，从热那亚到日内瓦，无论他们走到哪里，吃的都是同样的饭菜。[8]

73

从清炖羊肉到薄荷酱再到布丁，1905 年从安特卫普驶往纽约的红星航运公司（Red Star Line）"S.S. 泽兰号"（S.S. Zeeland）上的菜肴与同时期普尔曼和卧铺车公司餐车上的别无二致。即使是在饮食文化截然不同的日本，西方人经常光顾的酒店的菜单也与欧洲相似。1886年，俄亥俄州辛辛那提的乔治·莫尔林（George Moerlein，以下简称“莫尔林”）开始了环游世界之旅，其家族拥有克里斯蒂安·莫尔林啤酒公司（Christian Moerlein Brewing Company）。抵达横滨后他立即去了位于海岸附近的格兰德酒店，酒店的主要产权和经营都属于欧洲人，莫尔林在其《环球之旅》（*A Trip Around the World*）一书中写道：“那里享有远东第一之美誉。”

据莫尔林所说，酒店的所有者是几位受过专业厨师训练的法国人，只提供最好的食物。他还解释道，虽然分量不多，但“一道菜可以按照客人的要求上好几遍，”他说，“你简直没法不爱上那些食物”，服务也是一流的。日本服务生身着“黑色紧身裤和短夹克”，看着他们娴熟地上菜是“一种享受”。由于服务生不会说英语，客人们得按号码点菜。他把菜单抄录在了游记中，以便“让读者知道吃了什么和怎么吃的”。

格兰德酒店

J. 博耶公司——所有人

晚餐菜单

横滨，1886年1月17日

1　燕窝汤

2　法式鱼片

前菜

3　波利尼西亚小牛腰肉

4　帝国鹬

5　皇后式煮羊肉

蔬菜

6　豆类　7　菠菜

8　胡萝卜　9　婆罗门参

配菜

10　烤牛肉

11　烤松露阉鸡

12　咖喱和米饭

主菜

74

13　杜巴丽布丁

14　紫罗兰泡芙

15　花式雪芭

16　咖啡　17　茶[9]

1912年，日本成立了观光厅以促进旅游业。该组织由政府、铁路、酒店和轮船公司的代表组成，鼓励在日本建造欧洲风格的餐厅，通过提供西式餐饮、餐具和桌椅，让游客们感到宾至如归。换言之就是要让异国之旅变得不那么异国。从格兰德酒店的菜单来看，这个目标已经实现了。

各地的菜单似乎都是相似的。大多数餐厅都提供生蚝——半壳的、火炙的、奶油的、油焖的、烧烤的、油炸的、腌制的、生蚝调酒、生蚝浓汤和生蚝炸馅饼。通常这些生蚝会根据其产地被具体地命名为蓝点(Blue Points)、威弗利(Wellfleets)、库图茨(Cotuits)、什鲁斯伯里(Shrewsburys)和其他地区。除此之外，菜单上仍保留着清炖汤和海龟汤。配菜则包括什锦菜、橄榄、小红萝卜、芹菜和坚果。

菜单上一般来说都会有一道水产。从螃蟹到龙虾、从鳟鱼到青鱼、从鲭鱼到多春鱼的所有食材都很受欢迎。但这所有食材中唯独不包括金枪鱼。在美国，新鲜的金枪鱼是一种比赛用鱼。对运动员来说，能钓起一条100到200磅重的金枪鱼，跟它合个影并登上当地报纸是一件非常开心的事情。但他们对金枪鱼的热情仅限于钓而不包括吃。事实上，当1901年加利福尼亚圣卡塔琳娜金枪鱼俱乐部的钓鱼运动员举办年会时，他们吃的是小蛤蜊、鲍鱼、煎比目鱼和其他菜品。金枪鱼并不在菜单上。[10]

当时的美国人几乎不吃金枪鱼，但日本或意大利移民却很喜欢，只要上市就会吃。直到罐头商学会了通过蒸熟使其肉质变白且少油，许多美国人才开始尝试。1912年，金枪鱼被作为“海里的鸡肉”营销并流行了起来，到了1918年，罐装金枪鱼已经成为美国最常吃的鱼类之一。最后，在20世纪60年代，鲜金枪鱼登上了美国人的餐桌。[11]

20世纪初，羊肉持续受到人们的喜爱，无论是羊里脊、羊排、羊肾还是烤羊腿都是餐桌常客。羔羊肉尽管不那么常吃，但却越来越常见，到了20世纪20年代其普及度甚至开始超过羊肉。烤牛肉一直都是大众菜，牛舌通常作为冷盘或腌肉。所有的鸭子——灰背鸭、水鸭、绿头鸭、红鸭——都被端上餐桌，同时还有松鸡和野鸡等野味。然而，随着野味越打越少，开始有法规出台限制供应。

75

菜单上常见的蔬菜有土豆、豌豆、芦笋、甜菜、花椰菜、茄子和菠菜，以及经常被称为“浇汁莴苣”的沙拉。萨拉托加薯片，现在一般直接叫薯片，是在19世纪80年代突然出现并迅速传播开来的。在当年的菜单上，土豆沙拉被叫做“土豆蛋黄酱”。冰激凌、苹果派、蛋糕、布丁、烤冰激凌蛋白饼、夏洛特蛋糕和舒芙蕾是随处可见的经典甜品。

甜品之后往往还会上一道奶酪，通常有斯蒂尔顿、洛克福尔、戈尔贡佐拉、卡门培尔或各种切达奶酪。在美国，人们会把本特牌的各种薄脆饼干按其品牌排列在旁，就着奶酪一起吃。本特饼干公司(Bent‘s)成立于1801年，作为一个早期的成功品牌，如今依然在马萨诸塞州波士顿附近的米尔顿镇继续营业。

20世纪早期是个狂饮的年代。人们吃饭时大多以葡萄酒佐餐，酒单也非常丰富。固定班底包括香槟和马德拉白葡萄酒，还有红葡萄酒、莱茵白葡萄酒、波特酒和勃艮第葡萄酒。铁路迷毕比曾说，早餐时适合喝霍克酒(德国白葡萄酒的英国叫法)、红葡萄酒和香槟。好像没有什么时间、地点或场合是不适合喝香槟的。

本地酿造的各式啤酒和麦芽酒也都能喝到。餐后酒可能包括苦味酒、薄荷利口酒、干邑白兰地和荨麻酒。自南北战争以来，诸如雪利库伯乐、白兰地库斯塔，以及白兰地、威士忌或琴酒鸡尾酒等饮料一直很受欢迎。到了世纪之交，调酒师们扩充了他们的保留酒单，加入了金菲士、威士忌酸酒、汤姆柯林斯和曼哈顿等鸡尾酒，以及被H.L.孟肯（H.L. Mencken）称为“唯一一项如十四行诗般完美的美国发明”的马提尼。[12]

私人涂装车厢

从一开始，出于隐私和安全的考虑，女王、国王和总统们会乘坐私人车厢出行。即使在那个火车旅行尚无奢华可言的时代，私人车厢也能提供一些额外的舒适。其他乘客也立刻设法给自己安排上了。据卢修斯·毕比记载，1834年，一群商人向波士顿和普罗维登斯铁路公司（Boston & Providence Railroad）支付了每天15美元的费用，以保留他们自己的车厢，供他们每天从戴德罕（Dedham）往返波士顿。

76

这段车程只有21英里，而15美元在当时是一个相当大的数目。毕比将其称为“第一辆俱乐部车厢”，并调侃道，没有记录显示火车上的吧台有售“梅德福朗姆酒，或路上有人打牌”。[13]

当普尔曼和其他公司开始生产优雅、舒适的车厢时，其中品质上佳、被油漆过并抛光到闪闪发亮的那些被称为涂装车厢。正如普尔曼所承诺的那样，豪华车厢或涂装车厢相当于铁路上最好的酒店。从19世纪末到20世纪初，它们为乘客提供了从精美膳食到完美服务的一切。然而即使如此，某些人犹感不足。为了进一步凸显其高贵，一些上流社会成员购买了自己的火车车厢。私人涂装车厢是奢华的金字塔尖，是身份地位的终极象征。

任何一个有来头的人，从商业大亨到社会名流，都会在旅行时乘坐私人车厢，饮食亦讲究风雅。J.P.摩根在全美旅行时，曾聘请了纽约镀金时代400位名人之一的宴会筹办人路易斯·谢里(Louis Sherry)给他掌勺。金融家科利斯·P.亨廷顿（Collis P. Huntington）的私人车厢"奥农塔号"（Oneonta）的骄傲则是拥有一个少有私人庄园能与之媲美的酒窖。美籍土耳其裔的投资人詹姆斯·本·阿里·哈金(James Ben Ali Haggin)为他的私人车厢"萨尔瓦多号"(Salvator)从巴黎的福伊约酒店（Foyot）雇了一位法国厨师，据说连餐具都是黄金铸造的。匈牙利的维尔玛·利沃夫-帕拉基公主（Vilma Lwoff-Parlaghy）在美国时乘坐的是由纽约、纽黑文和哈特福德铁路公司提供的私人车厢，午餐时用的是她自带的金盘。[14] 情史比演技更出名的女演员莉莉·兰特里(Lillie Langtry)也拥有一台私人车厢，里面有法国厨师为她奉上鹌鹑和菲力牛排。[15]

那些属于铁路公司高管的私人车厢也被视为公司的商务车。然而20世纪初并不是一个实行问责制的时代。如果圣路易斯的布希家族(Busch family)像毕比所说的那样，用压力管给"阿道弗斯号"(Adolphus)所有车厢供应啤酒，那也是他们的特权。只要利润增加，股东高兴，高管们的花销就无人过问。当铁路公司将名下的私人车厢配给总裁当公务车时，就随便他怎么使用。毕比对私人车厢的迷恋已经到了不管不顾的地步，无论它们属于私人还是公司都不减热情，他写道："有记录可查的一些最奢华的私人车厢是属于铁路公司总裁们的，而他们坚定地认为这不过是上班用的廉价交通工具。"[16]

毕比是最后一批私人涂装车厢的拥有者之一，他也毫不掩饰

77 车厢只是个奢华的大玩具。他生于1902年，死于1966年，尽管到他成年的时候爱德华时代已步入晚期，他的品位已被潮流抛在后面，但也正因如此，他才活得更像一个潇洒老练的爱德华时代的人。人们太常用“富贵闲人”（bon vivant）来形容他，以至于后人误以为这是他的名字。毕比出身在波士顿地区的一个富裕家庭里，但如果做一个波士顿人意味着沉稳、无趣和传统的话，那他并不合格。他曾被耶鲁大学开除，有传言说是因为在宿舍里搞了个赌博用的轮盘和酒吧。他随后去了哈佛大学，并成了纽约知名的社交作家。这位《鹳鸟俱乐部酒吧书》（*The Stork Club Bar Book*）的作者，在铁路故事和传奇中找到了自己钟爱的主题，描绘了铁路鼎盛时期的那个黄金年代。他撰写或与人合作了十几本这方面的书籍，其中许多书都用他本人的摄影作品当插图。在让铁路罗曼史长盛不衰这方面，他比任何人做得都多。

毕比写了各种各样的铁路车厢，但他最迷恋的还是私人车厢。在那个时代结束后，他于1961年出版了《普尔曼先生优雅的豪华车厢》（*Mr. Pullman's Elegant Palace Car*），并在书中写道：

> 对车厢的所有权是将豪华的便利设施和铁路旅行在大众心中的浪漫想象集于一体，使拥有它比拥有“希望钻石”更能凸显尊贵……游泳池属于成功的蔬果店老板和电气承包商；棕榈海滩和卡地亚的赊购户头属于优秀的股票经纪人；而前往佛罗里达、德尔蒙特或阿迪朗达克山脉的普尔曼私人列车，那墨绿色的涂装和黄铜围栏的观景台，则专属于美国经济领域中大贵族和领主们。[17]

毕比算了一笔账将这部分费用合理化了,他说,拥有一节私人车厢的成本远低于拥有一座诺布山(Nob Hill)的城堡。城堡可能要花费300万美元,而车厢的造价在5万到25万美元之间,可谓价廉物美。这样的成本在毕比的圈子里可能算不上奢侈,但他没有提到其他方面的费用,比如当车上路时要向铁路公司支付的费用,旅行间隙车厢停放在铁路站内时的泊车费用,车内的装修和维护,以及随车人员配置,等等。

一般来说,一节私人车厢包含一个可容纳8至10人的餐厅,一个供人放松并欣赏沿途景色的观景厅,一个带浴室的主舱,三四个客舱,一个带储藏柜、冰盒和餐具柜的设备齐全的厨房,以及工作人员的住宿区。空间的大小可以根据主人的需求和愿望进行调整,比如打造一个更宽阔的用餐区,更多或更少的客舱,更大或更小的主舱。车主的一切愿望都能被满足。 78

像意大利大理石浴缸、烧木柴的壁炉、图书室和酒窖等特殊配置都可任车主选择。当然,车主在旅行时都是自带厨师和用人的。有些人还雇了英式管家和穿着全套制服的侍从以及其他仆人。在一些私人车厢里,客人们会穿戴整齐来用晚餐,就像在远洋邮轮或自己家里一样。

毫无疑问,车上伙食的开销相当可观,因为车主们素来吃得铺张奢华。19世纪声名狼藉的金融家兼铁路大亨杰伊·古尔德(Jay Gould)认为自己肠胃脆弱,因此将食谱严格限制到仅有牛奶、手指饼和香槟。他带着私人糕点师一起旅行,要求对方每天为他现烤手指饼。当然车上还有大量的冰镇香槟。为了确保无论何时何地都有新鲜的而且是特定品质的牛奶喝,他在拖着他私人车厢的那列火车的行李车厢里养了一头牛。这不是普通的牛，而是一头特殊的奶牛，古尔德相信其牛奶中含有对他来说恰到好处的乳脂量。

私人车厢和私人厨师意味着车主及其客人们可以不局限于一个固定的菜单，而是想吃什么就吃什么，从鱼子酱三明治到法式糕点，随时都能安排上。另一方面，如果比起高大上的美食他们更想吃母亲或祖母做的家常便餐也完全可以做到。

自我放纵是私人车厢上的常规而不是个例。据毕比说，有个车主是个蘑菇迷，在车下装了一个迷你蘑菇培养室。这个故事就很难以置信，但无论真假，它的确显示了一些有钱人肯花多大力气去满足自己异想天开的点子，以及其他人又是多么热衷于拿有钱人的八卦和怪癖娱乐自己。

私人车厢上的一位厨师

鲁弗斯·埃斯蒂斯（Rufus Estes），最初只是一名奴隶，最后竟然成了一位大受好评的著名私厨兼作家。1857 年他出生在田纳西州，是 9 个孩子中的老幺。他写道，在内战开始时，“方圆几英里内的所有男奴都跑去加入了‘北方佬’，我们这些小家伙们只好背负起重担”。当时他只有 5 岁，就不得不打水，照顾奶牛，还做许多其他农场杂活。战争结束他获得自由后就一直在打零工，直到 16 岁进入一家餐馆工作。他一定是成了一位出色的厨师，因为在 26 岁时他被普尔曼公司聘用，负责一辆为最尊贵的乘客们提供膳食的餐车。他服务过的名流贵宾中有著名探险家亨利·莫顿·斯坦利爵士（Sir Henry Morton Stanley）、本杰明·哈里森

79

总统（Benjamin Harrison）和格罗弗·克利夫兰总统（Grover Cleveland）、歌剧明星阿德琳娜·帕蒂（Adelina Patti）和西班牙的欧拉丽亚公主（Princess Eulalie）。

1894年，内森·A.鲍德温夫妇（Mr. and Mrs. Nathan A. Baldwin）乘船前往东京观赏樱花节，埃斯蒂斯作为他们的私人厨师随行。回国后，他被铁路大亨兼史迪威牡蛎车的发明者阿瑟·史迪威（Arthur Stilwell）聘请，负责管理其价值2万美元的私人车厢。

1907年，埃斯蒂斯成为美国钢铁公司芝加哥子公司的主厨。他的书《美味之物》（*Good Things to Eat*）于1911年出版，并于1999年重印。他在前言中称此书是他"智慧与经验的结晶"，并希望他的菜肴能"以同等的优雅，为家庭餐桌或宴会餐桌增光添彩"。[18] 80

埃斯蒂斯的食谱无所不包，从早点到甜点，从野味禽类到秋葵浓汤，从猪蹄到芭菲，应有尽有。其中很多是家常菜肴，而另一些则能够完美应对节庆场合，此外还收录了许多通常属于国际美食级别的菜品。书中可以找到牡蛎、浓汤、烤肉、配以调味复合黄油的牛排以及舒芙蕾的菜谱。埃斯蒂斯还加入了传统的南方菜、一些简单的砂锅，甚至还有素食主义者的菜谱，这无疑反映了他客户的喜好。

万万没想到的是，《美味之物》中并没有上流餐饮的顶梁柱——清炖汤的做法，倒是有许多其他汤类，包括龙虾、蛤蜊和牡蛎浓汤。还有一个海龟汤里的肉丸的做法，但没有海龟汤本身。肉丸的主料是海龟肉，油炸后放入热汤中。这道菜谱被列在"四旬节菜肴"一章里。大斋期间禁止吃肉，但可以吃海龟，因为它们被算作鱼类。但埃斯蒂斯把用鸡肉、小牛肝和牛骨髓等不同食材制成的肉丸也列入其中，可见他对四旬节的戒律有着非常宽松的理解。

“白汤”是埃斯蒂斯最优雅的汤。它是用肉汤、磨碎的法式小餐包、杏仁和奶油煮成的，经过绢筛过滤，得到天鹅绒般的丝滑口感。这种汤至少可以追溯到17世纪的法国和《法国美食家》(*Le Cuisinier François*)的作者拉·瓦伦(La Varenne)，他称其为“王后浓汤”(Potage à la Reine)。简·奥斯汀的“粉丝”们可能还记得《傲慢与偏见》中的一幕——宾利先生说只要他的厨子备好了足够的白汤，他们就会在尼日斐庄园办一场舞会。时光荏苒，食谱变迁，但白汤的优雅一如往昔，配得上招待一位王后前来用餐——招待一个20世纪的铁路巨头也不是不行。

那个时代的人喜欢吃动物内脏，埃斯蒂斯也不例外。他的书中有烤羊肾、小牛舌或羊舌、羊脑，以及其他类似菜肴的做法。像布伦瑞克炖菜、南方玉米饼和山核桃蛋糕这样的食谱则显示着南方口味的影响。埃斯蒂斯写道，他在红薯上加了糖，因为“南方人爱吃甜，他们会要求在自带甜味的蔬菜上额外加糖”。[19]

埃斯蒂斯的某位客人，或客人的客人，可能是素食主义者，因为他在书中收录了几个用坚果粉或坚果碎代替肉的食谱。他的“花生肉罐”是将玉米淀粉、番茄汁、花生酱和盐混在一起倒入罐头中，蒸上四五个小时制成的。此外，还有坚果丁杂烩、烤蔬菜和坚果砂锅、核桃面包以及坚果炖欧洲萝卜。这些都是那个时代典型的素食菜肴。[20]

81

《美味之物》中最大的惊喜是其节俭朴素。对于一个在镀金时代为富豪、名流和作精们服务的私人厨师来说，埃斯蒂斯创作了一本非常有成本意识的菜谱。他是否试图吸引比他的私人车厢客户更广泛的受众？或是他把这些削减成本的手段用在了私人车厢上？又或是为了扩大他的读者范围，把普通厨师也包括进来？

在“给厨娘的窍门”一节中，他建议用昨天剩下的晚餐做今天的午餐。[21]他把吃剩的肉拿来做回锅肉、砂锅、杂烩或炖菜。他特别提到，“（肉质）较差的部位，如颈肉，可以用来做咖喱”。“豌豆火腿碎”的做法是将吃剩的火腿切碎，与罐装豌豆和白酱拌在一起，撒上面包屑后烘烤。[22]牛肉杂烩的菜谱被称为“把吃剩的冷肉重新上桌的另一种方式。”[23]他将没吃完的土豆泥揉进蛋糕然后油炸。“艾米姨妈的蛋糕”被形容为“美味可口且成本不高”。[24]从这些菜谱来看，埃斯蒂斯似乎更像一位勤俭持家的主妇，而非私人大厨。

但书中也有一些比较奢侈的菜肴。在某道菜里，埃斯蒂斯用了三四磅松露来填充火鸡。[25]当时的松露还不像今天这么昂贵，但仍是一种奢侈品，一下子用三四磅也是大手笔了。

对埃斯蒂斯来说，摆盘至关重要。他那道异想天开的“鸟巢沙拉”，需要用生菜叶子“为每位来宾做一个精致的小鸟巢”。他用揉入了欧芹碎的奶油奶酪做成一颗颗带斑点的迷你鸟蛋，再把它们塞进生菜叶中，并建议配着“盖在生菜下面”的法式调味汁来吃沙拉。他会把整个番茄焯水、去皮、去籽，做成小篮子，里面装上各式蔬菜、鸡肉或鱼肉沙拉，上菜前再拿水芹枝条给篮子加个提手。[26]

“大理石花纹鸡”是他最别具匠心的菜品之一。为了做这道菜，埃斯蒂斯将鸡胸肉和鸡腿肉分开切碎，一层层交替压入模具，再浇上鸡汤。冷藏脱模后切成薄片，鸡肉呈现出宛如大理石的花纹，上桌时要用水芹和柠檬片做装饰。[27]

埃斯蒂斯的甜品更为出色。布丁是那个时代最受欢迎的甜点之一，书中收录了一打以上的食谱，从苹果布丁到印第安布丁，还有与之搭配的酱汁。此外还有无数的派、糕饼、舒芙蕾、蛋糕、糖霜、馅料和各种冰激凌，包括一种少见的、用糖霜樱桃蜜饯和白芷叶片装点的黑醋栗冰激凌。埃斯蒂斯说，他的蔓越莓冰激凌是感恩节晚餐的常客，通常“在烤肉之后”上桌。在糖渍紫罗兰的食谱中他写道：“收集到所需数量的完美的紫罗兰，白色蓝色皆可。尽可能在清晨露水未干之时采摘。”[28]

82

在创作《美味之物》时，埃斯蒂斯为后人留下了一部优秀的食谱集。不管是否有意为之，他也提供了一个窗口，供我们一窥那个时代的饮食口味。

20 世纪初是铁路及其乘客的黄金年代。火车旅行已经变得像那个时代一样高速而时尚。富人的旅游和宴饮自然是豪华无匹，平民大众即使达不到那个水准，也终于可以舒适地出行。未来仿佛有无限可能。第一次世界大战、经济大萧条，以及对铁路来说几乎是同等严峻的飞机和汽车的发展，尚都远在天边，遥不可见。

第一道是汤

在 19 世纪末和 20 世纪初，大部分餐馆、酒店和铁路餐车的菜单都以一系列的汤打头。从清炖汤到海龟汤，从牛肉汤到奶油蔬菜汤再到蛤蜊汤或牡蛎汤，仿佛无汤不成宴。

白汤是其中最受尊崇的一种。其名称变来变去，其历史漫长又辉煌。白汤通常被叫做“王后浓汤”，它的第一份印刷版食谱出自法国名厨兼作家弗朗索瓦·皮埃尔·拉·瓦伦 1651 年在巴黎出版的《法国美食家》。被译成英文后，英美的烹饪手册里也出现了它的各种版本。白汤基本上是一种浓郁的肉汤，过滤后加入杏仁、面包屑、奶油或牛奶来丰富它的口感，有时也会加入鸡蛋。一般会用小面包卷作为饰菜，当面包卷上撒了杏仁时，白汤就叫做“刺猬汤”。拉·瓦伦的白汤是用石榴籽和开心果做装饰，并用加热过的火铲烘烤其表面。换成烤炉或当代厨师用的喷灯也能达到同样的效果。

下面这个食谱出自普尔曼私人车厢的主厨鲁弗斯·埃斯蒂斯 1911 年出版的烹饪书《美味之物》。

白汤

将 6 磅瘦牛肉放入炖锅中，加入 1/2 加仑的水慢炖，直到所有的精华都在汤里，然后将牛肉取出。在酒中加入 6 磅小牛肘子、1/4 磅火腿、4 个洋葱、4 棵芹菜，均切成小块，再加入几粒花椒和一束带甜味的香草。慢炖 7 或 8 小时，将浮到表层的脂肪撇去。将两个法式面包的碎屑和 2 盎司焯过的甜杏仁混合，与 1 品脱的奶油和少量高汤一起放入锅中，沸腾 10 分钟，用绢筛过滤，全程用木勺搅拌。将奶油和杏仁与汤混合在一起，倒入汤盅，然后上桌。 83

19 世纪的酒水

在 1920 年禁酒令实施之前的美国，调酒师们拥有一份长长的酒单，其中最热卖的鸡尾酒之一就是"雪利库伯乐"。基本款的雪利库伯乐是用烈酒加入糖、柑橘和大量冰块摇匀而成的，然后装饰上更多的水果或浆果，插好吸管端上来。许多酒都能用来调制库伯乐——威士忌、朗姆酒、香槟，但雪利酒无疑是最受欢迎的。美国人超爱这款饮料。事实上，大胆的女士们在冰激凌店不点冰激凌而点这种饮料。英国人则是通过狄更斯笔下的马丁·瞿述伟（Martin Chuzzlewit）对同名饮料大加赞赏后也爱上了它。

以下配方来自 19 世纪美国最著名的调酒师杰瑞·托马斯（Jerry Thomas）。他没有指定要哪种雪利酒，因此我选用了西班牙甜雪莉酒，并减掉了糖。

雪利库伯乐

（用大的酒吧玻璃杯）

1 汤匙精白糖

1 片橙子，切成四等分

2 小块菠萝

在杯子里把刨冰装到快满，然后加满雪利酒。摇一摇，把当季的浆果装饰在顶部，插上吸管喝。——杰瑞·托马斯，《如何调酒：又名美食达人好伴侣》（*How to Mix Drinks, or The Bon-Vivant's Companion*）

托马斯还记述了一种叫"库斯塔"的饮料，并称其是"对'鸡尾酒'的改进”。库斯塔可以用白兰地、琴酒或威士忌制作。它与鸡尾酒最主要的区别在于要先拿一条宽柠檬皮在杯子内部绕一圈，然后再倒入调好的酒。柠檬皮为酒水增添了风味，也增加了观赏性。然而在喝的时候要想不使柠檬皮滑落是需要点技巧的。最近一些调酒师复兴了那些复古饮料中的精品，库斯塔也在其中。以下是杰瑞·托马斯的配方。

库斯塔

3 或 4 滴注(dash)的树胶糖浆

2 滴注(博加特)苦精

1 红酒杯份的白兰地

1 或 2 滴注库拉索酒

挤压柠檬皮；装三分之一满的冰，用勺子搅拌。

(用小酒吧杯。)

威士忌和琴酒库斯塔的制作方法与白兰地库斯塔相同，直接用威士忌或琴酒代替白兰地即可。

库斯塔的制作与花式鸡尾酒相同，加入少量柠檬汁和一小块冰。首先，在一个小平底杯中将配料混合在一起，然后拿一个大红酒杯，用柠檬片抹一下杯沿，在白糖粉中蘸一下，这样糖就会粘在杯沿上。像削苹果一样削半个柠檬(皮不要削断)，以便削好的柠檬皮能放进酒杯里，最后把小杯里的库斯塔倒进去。

记得微笑。——杰瑞·托马斯《如何调酒：又名美食达人好伴侣》。

本日的库斯塔

85 供应份数：2 人份

柠檬

糖

3 盎司白兰地

1 盎司橙色库拉索酒

1 滴注苦精

1/2 盎司柠檬汁

用柠檬片抹过杯沿，然后蘸一点糖把杯沿裹住。用蔬菜削皮器将柠檬削成宽条，并将其环绕在杯子内侧。

把其他配料和一些冰块在冰镇摇酒器中充分混合摇匀后小心地倒入杯中，尽量不要冲散柠檬皮。

然后，正如杰瑞·托马斯所说，记得微笑。

第五章

简约餐饮

1918年11月11日上午，普尔曼2419－D型车厢成了欧洲最著名的餐车。其知名度并非来自车上的佳肴，也非其华美的装潢或车组人员的完美服务，而因为这里是第一次世界大战的宣告停战之地。是日早晨，英法德三国的政府代表在餐车里会面，并签署了停战协议，结束了这场本应终结一切战争的战争。

2419号车被改装成了盟军指挥官斐迪南·福煦元帅(Marshall Ferdinand Foch)的办公室，也是他流动指挥部的一部分，位于巴黎以北约40英里的贡比涅森林(Compiegne Forest)。在那里德国承认了战败，而盟军则宣告了胜利。之后，正式的和平条约在凡尔赛签署。战后，在当时的会址上竖立了一座花岗岩纪念碑和用于保存餐车的建筑。多年来，参加过战争的老兵们在纪念碑和餐车前站岗，世界各地的游客也来到此地献上他们的敬意。

“二战”期间，法德停战协议也于1940年在2419号车厢里签署。这一次是德国人赢了。希特勒签署协议后，将这节车厢运回了德国，陈列在勃兰登堡门旁。之后，德国人又摧毁了森林里的纪念碑，除了残破的铁轨，什么都没有留下。在战争临近尾声之际，眼见失败迫在眉睫，希特勒下令销毁这辆餐车，以免它再度见证法国的又一次胜利。战后，原车的复制品被陈列在修复好的纪念地88的停战博物馆中，如今那里被称为“贡比涅森林停战协议广场”。

“一战”的悲剧无以言表，仅就铁路而言，它破坏了列车和轨道，中断了货运和客运服务，并扰乱了整个欧洲的食品供应。

而对美国来说，战争的影响则可以忽略不计。诸如将厨房的油脂留作军需品，以及遵守“无肉日”或“无麦日”的规定之类的，跟欧洲的物资匮乏相比，都是些容易做到的调整。从芝加哥、密尔沃基和圣保罗铁路公司（Chicago, Milwaukee & St. Paul Railway）“周二无肉日”的早餐菜单来看，无肉日还允许吃家禽，这就让那点仅有的不便更方便了。除了新鲜水果和果汁、冷热麦片、各种吃法的牡蛎、烤白鲑鱼、烤鲭鱼和奶酪烤蟹肉外，菜单上还列出了半只烤春鸡、烤鸡丝和烤乳鸽。[1]吃得这么好，根本算不上什么牺牲。

战争结束后不久，铁路就恢复了活力，并呼啸着开进了 20 世纪 20 年代。在两次世界大战之间的那些年里，火车线路激增，旅游业也再次复兴。铁路公司用绝美海报大做广告，展示其目的地的美景，从美国东部的阿迪朗达克山脉（Adirondack Mountains）和普莱西德湖（Lake Placid），到西部的瑞尼尔山国家公园（Rainier National Park）和喀斯喀特山脉（Cascade Mountains）。英国的海报上是田园牧歌般的康桥泛舟，意大利的海报展现了科89莫湖或威尼斯的静谧之美，法国的海报描绘着古老的大教堂，印度国家铁路公司则凸显出克什米尔的雄伟山脉。世界这么大，是时候去看看了，上车吧。

铁路公司相互竞争，为乘客提供更多舒适和独家福利。在美国，豪华的铁路邮轮载着乘客沿着东海岸一路前往佛罗里达的新度假社区，以及标准石油公司（Standard Oil）创始人亨利·弗拉格勒（Henry Flagler）所建的豪华的圣奥古斯丁酒店（St. Augustine hotel）。

在这个新时代，优雅的车厢和精致的餐饮已不是火车仅有的设施，因为铁路公司都在争相提供更新更独特的服务。“佛罗里达专列”（Florida Special）的特色是弦乐四重奏和泳装模特表演。想了解泳装最新潮流的女性应该会喜欢这种时装秀，但不必说，对男性乘客肯定也很有吸引力。[2]在南方，气派地往返于新奥尔良和旧金山的“日落号列车”（Sunset Limited），其餐车“美食家号”（The Epicure）会提供“属于列车穿行之地的独特美食。”[3]往返于圣路易斯和墨西哥城的“阳光特快”（Sunshine Special）有一个经典的美式冷饮吧。[4]大北方铁路公司的豪华列车被称为“东方专列”（Oriental Limited），因为它的终点站西雅图是大北方公司的船只驶往远东港口的起点。除了美食、图书馆、自助餐和装有大玻璃窗的观景车厢外，东方专列还以其下午茶而闻名。四点一到，餐车的侍者准时为乘客们奉上茶水，穿制服的女仆则端上一盘盘精致美味的糕点。在当时的一张照片中可以看到，四位衣着入时的女士正在观景车厢内一同享用着下午茶。

加拿大太平洋公司（The Canadian Pacific）的豪华列车将乘客舒适地从东部魁北克省的蒙特利尔运送到西部不列颠哥伦比亚省的穆迪港（Port Moody）。然而同时它也有票价低廉，住宿条件也较差的列车，试图鼓励人们去西部定居。[5]

在欧洲，豪华铁路旅行以最快的速度高调回归，派头更甚以往。1920 年，世界上最著名的火车之一，法国迷人的“蓝色列车”（正式名称是加来—地中海快车）重新开始运营。在“一战”前，大多数游客只在冬季乘坐火车前往法国南部，而且通常是为了健康考虑才去旅行。尤其是富裕的英国旅客，他们坐上蓝色列车逃离英国阴冷的冬季，去阳光明媚的里维埃拉恢复活力。比利时人、俄罗斯人，最终美国人也跟上了这个潮流。在 20 世纪 20 年代，夏天去里维埃拉也成了一种时尚。

蓝色列车，因其精致的深蓝色卧铺车厢而得名，在一年中的任何时候，如果想要从加来或巴黎前往戛纳、尼斯、蒙特卡洛和芒通，都可以乘上蓝色列车来一次豪华行。它的乘客包括威尔士亲王（后来的爱德华八世）、查理・卓别林、可可・香奈儿、温斯顿・丘
90
吉尔、菲茨杰拉德夫妇，以及其他时髦人士和名流贵客。蓝色列车既现代又别具一格。阿加莎・克里斯蒂称之为百万富翁的列车，并将其作为她 1928 年出版的小说《蓝色列车之谜》的舞台。

一部芭蕾舞剧也对列车表达了敬意。《蓝色列车》（*Le Train Bleu*）是 20 世纪 20 年代俄罗斯芭蕾舞团保留剧目中的亮点。当时的一位作家曾说，“在旺季的里维埃拉，想买一张《蓝色列车》的演出票，就像买一张‘蓝色列车’的火车票一样难”。那个时代艺术界的知名人士实际上都参与了它的创作。编舞是布罗妮斯拉娃・尼金斯卡（Bronislava Nijinska），剧本是让・科克托（Jean Cocteau），服装设计是可可・香奈儿，领舞是安东・多林（Anton Dolin），还由巴勃罗・毕加索设计了幕布。这部芭蕾舞剧的故事背景并不是列车本身，相反，它是用列车的名字来向那个时代的风潮致敬。舞团的创始人谢尔盖・达基列夫（Serge Diaghilev）在简介中

说,“这是一个高速的时代,它已抵达了终点,它的乘客已下了车。”[6]

在20世纪20年代,伦敦有一家名为“蓝色列车”(Blue Train)的时髦餐厅,其卖点就是杰弗里·霍顿·布朗(Geoffrey Houghton Brown)向蓝色列车致敬的壁画。如今这家餐厅已不复存在,直接绘制在墙面上的壁画也早已无迹可寻。

向火车致敬的产物中比较新的,是一家隐藏在纽约布鲁明戴尔百货公司顶楼的“蓝色列车”餐厅。有别于巴黎里昂火车站的同名餐厅那浓烈的“美好时代”遗风,布鲁明戴尔的“蓝色列车”采用了更为克制的装饰艺术风格。其装潢仿照原版的餐车,有桃花心木镶板、镜子、复古桌灯、铜制行李架、舒适的绿色天鹅绒座椅和经典的白色桌布。餐厅创建于1979年,是已故的总裁马文·斯特劳布(Marvin Straub)的匠心之作。这里提供早午餐和午餐,菜单包括牛排配薯条、法国布里欧修吐司、比利时华夫饼、裴卓仙烟熏三文鱼以及法式糕点。前来购物的消费者们很喜欢光顾,火车迷们当然也不例外。

东 方 快 车

20世纪初到“一战”前的那几年,是东方快车的黄金时代。它是王室和贵族的首选列车,他们自认为在那里受到了应有的尊重,并被习以为常的奢华所围绕。“一战”结束后,当时髦人士抛弃了它,转而乘坐更新的辛普隆东方快车时,它仍然保有其崇拜者。早在1935年,一位《时代周刊》撰稿人就以经典的《时代周刊》文风描述了这列火车:

91

铁路的魅力，比如连“20世纪特快”都未曾知晓的那种，已经沿袭了半个世纪之久，而且如今依然在东方快车上延续。对于每一位盘踞在芝加哥的大佬，和每一位被纽约中央铁路公司的著名列车带到百老汇的女演员来说，东方快车是辆陈旧发霉的、哐当作响的豪华列车，载着国王们、元帅们、招摇的巴尔干将军们，以及跟可被收买的边防军人一样多的间谍，在欧洲腹地和亚洲边界之间穿行。[7]

图7 东方快车

图8 绘有东方快车的明信片

1921年,第一次世界大战结束后,贯穿阿尔卑斯山的辛普隆隧道扩建工程完工,辛普隆东方快车首次亮相之后,时髦的旅行者便将其作为出游的首选。从1919年到1939年,豪华的辛普隆东方快车先从巴黎开到洛桑,穿过阿尔卑斯山到达米兰,然后经由威尼斯、贝尔格莱德和索非亚,最后抵达伊斯坦布尔。这条路线比原来的东方快车更快,也更时髦。据《时代周刊》报道,从巴黎到伊斯坦布尔的1886英里仅用了两天半的时间,其中还"包括所有的停靠及在八个边境的逗留时间"。在它的众多设施中还包含一个可供乘客淋浴的浴室车。[8]赫尔克里·波洛乘坐的正是辛普隆东方快车,当时列车被暴雪困住,大侦探便遭遇了谋杀案。 92

正如阿加莎·克里斯蒂在《东方快车谋杀案》中所写的那样,火车确实遇到了雪灾。1886年,一列从英格兰纽卡斯尔开往苏格兰爱丁堡的火车在周一早上遇到大雪封路,直到周六晚上才脱困,而这段路程如今只需要不到三个小时。几天以来,除了融化的雪水,乘客们一直没吃没喝。最后,根据威廉·阿克沃斯爵士(Sir William Acworth)的记述,车组人员去了附近的一个镇子,并"把整个城镇扫荡一空"。他们回来时带着"几块火腿、烤牛肉和羊腿,两三个装满面包的布袋,还有很多烟草。"[9]

阿加莎·克里斯蒂的书出版于1934年,可能更直接地受到1929年1月的一场暴风雪的启发。当时威尼斯辛普隆东方快车在前往伊斯坦布尔的途中,在布达佩斯附近遭遇了一场可怕的暴风雪。火车不顾恶劣的天气继续前进,但刚过土耳其边境就被雪困住了。车厢外暴风雪肆虐,气温低于零度,通信全部中断。车内几乎没有暖气,而且被困了九天之久,食物供给也很快就耗尽了,只剩下一些茶叶。据一位乘客回忆,附近村庄的一家餐馆只能提供一日一餐,几名当地的农民徒步来到火车旁,卖给滞留的乘客一些面包。最后,一辆铲雪车解决了问题,火车顺利地开往伊斯坦布尔。[10]

图 9 大雪中的东方快车

还有一次,即 1931 年,由于雨水冲走了部分轨道,阿加莎本人也被困在了辛普隆东方快车上。《东方快车谋杀案》是她最经久不衰的杰作之一,其灵感很可能来自这些事件。在阿加莎虚构的列车上没有发生断粮的情况,幸好,在真实的被困列车上也没有发生谋杀案。

93 总的来说,火车一路飞驰,没有发生意外,食物也很丰盛。乘客们发现,在火车疾驰中一边欣赏乡村美景一边享用美餐是件很令人振奋的事。事实上,他们往往对于在火车上吃饭这件事本身比对所吃的东西更感兴趣。当你坐在观景车厢里,看着风景从身边飞速退后,侍者会记得你是喜欢在餐车上还是包厢里用早餐,你一边放松地啜饮着最爱的鸡尾酒,一边在菜单上勾勾选选——这一切的体验都跟清炖汤的品质同等重要,美味美妙一如往昔。

多产的英国作家贝弗利·尼科尔斯(Beverley Nichols)写道:

吸引我们的不仅是美食，还是这样一个事实——我们将在一辆飞驰在异国的土地上、由钢铁和玻璃铸造的梦幻般的战车上用餐。不喜欢在火车上吃午饭的人，一定是有什么大病。

尼科尔斯在他的游记《不如返家》(*No Place Like Home*)中记录了他在20世纪30年代初从奥地利到匈牙利，再到希腊、土耳其和巴勒斯坦的旅行。书中他热情洋溢地描写了在匈牙利东方快车上的午餐，它包含"酥脆的面包、蛋黄酱土豆、小牛肉、嫩豌豆和大块的乡村奶酪，就着大杯装的白葡萄酒吞下肚(白葡萄酒就得这么喝)"。但令他更为热衷的是在火车上吃豪华午餐这件事，他写道："我们既孤独又自由，非常自由。谁也联系不上我们……这才是生活！"[11]

奇怪的是，尼科尔斯始终认为铁路受到的赞美还是太少，尽管已有大量的书和文章证明并非如此。他写道，尽管许多人"唱出了驿车、徒步或小船旅行的浪漫，但似乎从来没有人想到要唱一唱乘坐卧铺车旅行的浪漫"。[12]可是显然，许多人确实为火车唱过赞歌，特别是像"20世纪特快"(20th Century)这样著名的火车。

20世纪特快列车

某些火车俘获了人们的想象力，激发了艺术家的灵感，并在其结束运营后仍长期萦绕在乘客的记忆中。东方快车如此，蓝色列车如此，而在美国，20世纪特快列车(以下简称"20世纪特快")亦如此。20世纪特快，这辆实至名归的豪华列车属于纽约中央铁路公司(New York Central)，于1902年首次亮相，跑的是纽约到芝

加哥线。它比其他列车更快、更贵，并以其卓越的服务和内部设施
94
而闻名。男性乘客在登车时会得到一个插在纽扣眼里的佩花；女性则得到一小束胸花。到了十周年庆，它更是被宣传为“世界上最著名的火车”。当它在 1967 年最后一次运行时，《纽约时报》报道说，“对铁路迷来说，65 年来 20 世纪特快一直都是最伟大的列车。”[13]它是许多电影和书籍，一部戏剧和一部百老汇音乐剧的灵感来源，甚至还有一款鸡尾酒以它命名。

火车的命名者是纽约中央铁路公司的客运总代理乔治·H. 丹尼尔斯(George H. Daniels)，“红帽服务”也是他的创意。1896 年他推出了一则广告，上面写着：“纽约中央车站免费服务，请戴红帽子的人帮您运送行李，送您上出租车、汽车或轻轨。”其他铁路公司也迅速效仿了这项服务。[14]

20 世纪特快以其美食而闻名。最早的菜单非常丰盛，尤其是俄罗斯鱼子酱配开胃小饼干。在 20 世纪 20 年代，它的招牌菜有湖鳟、烤小牛杂和鸡肉派。它的餐车有 36 个座位，配有 1 位总管、1 位主厨、3 个厨师和 7 名侍者为乘客提供服务。[15]有了如此豪华的配置，它跟大多数餐车一样不赚钱也就没什么稀奇的了。

列车上的服务向来优质，但当遇到特殊场合或特殊乘客时，还能更上一层楼。毕比记述了这样一个晚上，当时著名女高音内莉·梅尔芭、男高音约翰·麦科马克(John McCormack)、小提琴大师弗里茨·克莱斯勒和其他一些人正乘坐列车前往芝加哥。乘务总管来报，说厨师正在为他们准备一顿特别的晚餐。于是他们一边等一边在会客车厢喝着鸡尾酒聊天。很快，总管带着侍者回来了，并奉上了一顿包含开胃热菜、蟹肉浓汤、酒煎英吉利海峡比

目鱼配香草、夏多布里昂牛排和一份酥脆沙拉的丰盛晚餐。配餐酒选得恰到好处，甜品自然是桃子梅尔芭。根据毕比的记录，装甜点的银盘上还放了一张卡片，上面写着："20世纪特快列车赠呈"。[16]

20世纪特快的乘客名单就像蓝色列车一样熠熠生辉。在列车运营的早期，西奥多・罗斯福、威廉・詹宁斯・布莱恩（William Jennings Bryan）、莉莲・罗素、"钻石吉姆"・布雷迪、J.P.摩根和恩里科・卡鲁索都曾是它的乘客。后来，像詹姆斯・卡格尼（James Cagney）、平・克劳斯贝（Bing Crosby）和金・诺瓦克（Kim Novak）等好莱坞明星也都是其座上嘉宾。

这列火车在早年已经很有名，到了1938年新车上路时更是达到了顶峰。新车的流线型设计是20世纪30年代精致风潮的缩影，让它成了当时出镜率最高的标志物之一。其设计师是著名的亨利・德雷福斯（Henry Dreyfus），在整个职业生涯中，他将精炼的风格带到了其他一系列的设计上，包括大本钟闹钟、贝尔电话和地平线钢笔等。

95

在上车之前，乘客们还能字面意义上地走一次红毯。在中央车站，一条长长的红毯一路通向车厢，上面印有德雷福斯设计的火车标志，供乘客们登车。尽管正如《牛津英语词典》指出的那样，为仪式性的目的走红地毯本身是一项"极为古老"的传统，但"红毯礼遇"这一表达可能是由20世纪特快推广开来的。

火车内部都是铝合金和铬合金闪闪发亮的光滑曲线。舒适的皮革座椅像在俱乐部里那样聚拢在一起，而不是像大多数火车那样排成一列列。休息室的墙壁上装饰着纽约和芝加哥天际线的大型壁画。到了晚上，餐车的灯光暗下来，将车内变成一座别致的咖啡馆，供乘客在里面轻歌曼舞。从火柴盒到菜单封面的一切设计都出自德雷福斯之手。[17]

1938 年纽约中央铁路公司的一本小册子自夸道，20 世纪特快提供的创新服务中包含一个电话系统，“便于预订餐车座席或从客房服务处点单”；在观景车厢和餐车上有“隐蔽的收音机喇叭”，可以让乘客了解最新的世界大事；当餐车“神奇地变成了一个夜总会”时，“一台可以换唱片的留声机”能为乘客播放餐后音乐。理发师、男仆和女仆随叫随到，还有一位秘书帮助商界人士预备会议或讲话。[18]

20 世纪 30 年代，列车上的晚餐也是时尚又简约。典型的开胃菜有蟹肉沙拉鸡尾酒、俄罗斯鱼子酱和清炖汤。主菜的选择包括厚切三文鱼排、烤牛肋骨和“焖烧小牛排配蘑菇、面条和西梅”。甜品方面，乘客可以选择“青苹果派”“香蕉松饼配生奶油”“纽约烤苹果”，或者综合乳酪拼盘。所有这些，加上咖啡、茶或牛奶，费用为 1.75 美元。想奢侈一下的乘客可以来一份“列车特供 · 辣炖鲜龙虾”或“顶级菲力牛排，配香葱黄油”，价格为 2.35 美元。根据菜单，餐车的卖点还有“维克多唱片艺术家音乐精选，由 R.C.A.维克多唱片公司（R.C.A. Victor）提供”。

从红地毯到红帽子，乘坐 20 世纪特快列车，意味着享受无微不至的服务。

流线型外观

96

在两次世界大战之间的年月里，火车、建筑、时尚，甚至男人和女人都呈现出一种更修长、更简约的轮廓。像莉莲·罗素那样丰满的身材已经过时了。大腹便便的男人不再是富态，而是肥胖。现在的人们希望像威廉·鲍威尔（William Powell）和玛娜·罗伊（Myrna Loy）在“瘦子”（Thin Man）系列电影里所扮演的纤细精致的查尔斯夫妇（Nick and Nora Charles）那样，看着苗条，活得健康。流线型火车上的菜单也反映出了这种新的趋势。曾经时髦的菜肴现在被认为过时了，并被新品所取代。菜单上的套餐少了，单点的选择多了起来，而且多是一口价的特色菜。乘客可以在餐车吃正餐，在自主餐车吃小食，或在包厢里吃三明治。英国的火车还提供鸡尾酒吧，而美国在1933年之前都在实施禁酒令。

据克里斯·德温特·希伯伦说，英国在20世纪30年代成功地升级了现有的火车并开发了新的火车，同时各公司都在竞相提供更豪华的服务。美食对这些知名列车来说很重要。当时的一份报告称：“当列车高速行驶时让乘客舒适地用餐，在如今的铁路旅行中已经非常普遍。英国铁路每年要提供近800万份伙食，从这一事实可以看出公众对此服务的满意程度。”[19]像英国的“爱尔兰邮车”（Irish Mail）这种高档列车的餐车仍然提供比大多数同行更精致的膳食，但即使如此，它们的菜单也精简了不少。下面这份1937年的菜单就很典型：

西柚

或

奶油小扁豆

大比目鱼

烤羔羊肉，配薄荷酱

香烤小土豆

青豆

或

冷肉拼盘

沙拉

法式苹果派

或

香草冰

奶酪、饼干、沙拉

咖啡[20]

97 半个葡萄柚，有时中间放一颗酒渍樱桃，已经成为一种流行的开胃菜。鱼是按照名厨阿道夫·杜格莱雷(Adolf Duglèré)的方子腌制的——在鱼排下垫上切碎的西红柿、洋葱、香葱、百里香、月桂叶，用黄油和白葡萄酒烹制。“supreme”这个词用在鱼上时，指的是一块上好的鱼排。阿道夫·杜格莱雷是19世纪的法国厨师，曾为巴黎著名的英国咖啡馆(Café Anglais)掌勺。除了腌鱼方子外，他还以创作了“土豆安娜”(Pommes Anna，黄油土豆饼)而闻名。土豆安娜是将切成薄片的土豆涂上黄油，一层层拼在锅里再烘烤。土豆烤好后，将锅翻过来，一个完美的金黄色土豆饼就做好了。即使在倒出来的时候饼碎了，也不会减少它的美味。杜格莱雷也被称为“美食界的莫扎特”[21]。尽管仍然包含鱼和肉两道主菜，但“爱尔兰邮车”(Irish Mail)的菜单在长度和复杂程度上都远不及上一代。

到了20世纪30年代，海龟汤，甚至是假海龟汤，都已经鲜少出现在菜单上。清炖汤仍有一席之地，但更多的时候菜单上列出的是当天的例汤。蛤蜊浓汤和奶油蔬菜汤都是热门，有时还提供番茄汁或其他果汁作为替代品。牡蛎还在，只是花样少了，菜单上往往只列出带壳的牡蛎，而不像以前有十几种做法。鸡尾酒虾倒是吃得更多了。

一般来说，食客可以二选一，而不是既吃鱼又吃肉。早期菜单上像鹿肉、野鸡、山鸡和草原鸡等经典肉菜，现在则让位于鸡肉、烤牛肉、牛排和汉堡。羔羊肉远多过普通羊肉，种类繁多的鸭肉也被削减到了只有普通鸭肉。炸鳗鱼、腌鲱鱼、腌或炖的牛舌、炖牛肚和油炸甜面包都从画面中消失了。随着美国人试探性地开始青睐起意大利菜，意面变得越来越常见。

马铃薯、龙虾或鸡肉蛋黄酱变成了马铃薯、龙虾或鸡肉沙拉。有几条线路还以新近流行的单人份沙拉为特色。20世纪特快的沙拉大受欢迎。它是用生菜、切细的洋葱、红萝卜、黄瓜和芹菜以洛克福奶酪碎做成的。上菜前厨师会摆上一圈番茄切片，临了再洒上调味汁。这是一道简单的沙拉，但多年来乘客们都对它赞不绝口。雷·克里斯普饼干(Ry-Krisp)取代了本特饼干，经常跟沙拉一起上桌。

有几条线路仍然提供奶酪和甜点，但奶酪拼盘已不像过去那么普遍。在美国，英式李子布丁从甜点菜单上绝迹了。当然，英国铁路依然以各色布丁为卖点。

冰激凌很受人们喜爱，特别在带冷冻室的冰箱问世之后。在 98

美国，吉露牌(Jell-O)果子冻(通常在菜单上被拼成 jello)，开始出现在甜点菜单上。20 世纪 30 年代，过耳难忘的广告歌和喜剧演员杰克·本尼(Jack Benny)幽默的宣传让它极受欢迎。本尼会以“又‘露’面啦”(Jello-O again)的问候开始他的广播节目，并经常在滑稽短剧中提到它。

除了更清淡的食物、更随意的用餐选择和可单点的菜单外，在许多线路上，乘客还可以选择固定价格的特价餐。这是一种比较便宜的选择，其优点是更为简便。下面这份出自 1931 年宾夕法尼亚铁路公司菜单上的晚餐，就是一份典型的特价餐。其费用仅比 1899 年同一条铁路上的餐品贵了 25 美分。当然，它的菜色也比较少，但 30 年来价格仅涨了这么点已经很不容易了。

特价晚餐 1.25 美元
请在点餐票上注明“特价晚餐”
以及所需的每样东西

小牛肉汤加大麦　清炖汤加蔬菜

任选：

主菜：

烤皇帝鱼*，配柠檬黄油

---

* 皇帝鱼为 kingfish 之意译。西餐中对多种鱼类统称为 kingfish，包括鲅鱼、数种鲭鱼、石首鱼、黄尾鰤(yellowtail kingfish)等。——译者注

煎蛋卷配奶油虾

烤新鲜火腿，拔丝苹果

辣烤牛肉切片，配芥末酱

可选两种蔬菜

卷饼或松饼

茶、咖啡、可可或牛奶

黄金之州

加州的铁路公司用菜单、旅游海报和其他出版物来推广西海岸的特色以及从苹果到橙子的各种特产。西太平洋公司的一份早餐菜单上写道：黄金之州，加利福尼亚州"因 1849 年以来的淘金热而得的浪漫的名字，具有极为重要的现代含义，因为它盛产美味的金色柑橘类水果——主要是橙子、柠檬和西柚"。菜单封面的插图是大堆的橙子，以及一位方济各会的神父和最早种植橙子的教区之一。

葡萄和葡萄干对加州的经济也很重要，即使如此，像西太平洋铁路公司的羽毛河线路那样，为了庆祝 4 月 30 日的加州葡萄干日，给菜单上的每道菜里都放葡萄干，这般狂热就未免过头了。菜单上没写日期，但估计是 20 世纪初的东西。菜单上的文字谈到在《圣经》时代，当以色列的子民们在旷野中发现葡萄时，就知道已经到达了应许之地。它称加利福尼亚州是"当代的应许之地，欣欣向荣的葡萄园里结满了以色列的子民钟爱的葡萄"。文章在最后建议人们应当"每天每餐"都吃葡萄干。这个特别的菜单正是为了向

99

这种水果致敬：

煮三文鱼牛排，配加州葡萄干黄油

50 美分

煮火腿，配加州葡萄干酱

50 美分

煎蛋卷，配加州葡萄干

45 美分

加州葡萄干油炸馅饼，配蛋酒酱

25 美分

蛋奶大米布丁，配加州葡萄干

15 美分

加州葡萄干馅饼

10 美分

那不勒斯冰激凌，配加州葡萄干蛋糕

25 美分

加州葡萄干面包

10 美分

加州葡萄干曲奇

10 美分[22]

西太平洋铁路公司的另一份菜单则歌颂了当地另一种重要作物——生菜——的好处。它写道，球生菜是“来自太阳和海洋的礼物”，而加州正是其主要产地。据这份菜单说，球生菜不仅健康开胃，而且“在晚餐时吃上半个保证你一夜安眠”。所以上面的每道主菜都配有一碗球生菜沙拉。

生菜曾是一种极易腐烂的地方性和季节性蔬菜，但随着像球生菜这样更耐保存的新品种的出现，让生菜实现了无损运输。因此，在20世纪二三十年代，生菜的产量翻了三倍，亚利桑那州和加州的农民用火车将生菜运往全国各地。生菜不再是季节性或地方性的，而是成为全年都吃得到的蔬菜。沙拉这道菜，比如“20世纪特快沙拉”，无论在火车、饭店还是家里，都在餐桌上占据了更重要的地位。[23]

100

禁 酒 令

禁酒令期间，“谷物饮料”(Cereal Beverages)成了餐车的饮品单上的大头。当啤酒公司被禁止生产真正的啤酒时，便转向生产这些所谓的仿啤酒。酿酒师们通过从啤酒中去除大部分酒精来制作这种符合法律规定的饮料。除了谷物饮料这一总称外，仿啤酒还有一些像格赖诺(Graino)、巴尔洛(Barlo)、布拉沃(Bravo)、塞罗(Cero)、戈佐(Gozo)、卢克斯沃(Lux-O)和穆洛(Mulo)这样的名字。美国最大的啤酒酿造商安海斯·布什公司(Anheuser-Busch Company)给自家生产的仿啤酒取名叫“贝沃”(Bevo)。

101

尽管在20世纪20年代谷物饮料的年产量超过3亿加仑，但啤酒爱好者们并不喜欢这个味道。美食作家韦弗利·鲁特(Waverly Root)说，这是“一种淡而无味、又单薄又恶心的液体，它可能是清教徒式的马基雅维利主义者妄想出来的，想要永远恶心真正喝啤酒的人。”[24]

菜单上还提供了几种不同品牌的水，有法国维希矿泉水（Celestine French Vichy Water）、阿波罗碳酸水（Apollinaris）、沙斯塔矿泉水（Shasta）、波兰矿泉水（Poland Springs）和白石矿泉水（White Rock）。不想喝水或仿啤酒的乘客可以选择罗甘莓汁兑苏打或葡萄汁兑苏打，以及柠檬水、果汁和多种软饮料。

我们很难想象今天的餐馆会在酒水单上列出泻药或抗酸剂，但在20世纪初这却是很常见的。20世纪二三十年代的菜单上经常会有一种名为布鲁托水（Pluto water）的泻药和赛尔策抗酸剂（Bromo Seltzer）。

餐车菜单上的另一种怪东西是酵母，一饼一饼地卖。对此，历史学家哈维・列文斯坦（Harvey Levenstein）在《餐桌上的革命》（*Revolution at the Table*）一书中解释说，20世纪20年代由于在家自己烤面包的人变少了，酵母的销量也随之下降。针对这一情况，弗莱施曼酵母公司（Fleischmann's Yeast）的对策就是开始投放广告，提出离奇的健康食品方面的主张。公司声称，酵母可以保护我们免于“未能完全长好的身体组织和未能清除的体内有毒废物这两个长期的隐患”。它还能“防止蛀牙，保持肠道健康，并治疗‘胃下垂’。”因此，美国人开始在面包或饼干上涂酵母，还拌进水、牛奶或果汁中喝。印第安纳州沃巴什郡的客运列车“蓝旗特快”（Banner Blue Limited）将酵母跟酒水和软饮一起列入了菜单。1938年，联邦贸易委员会（Federal Trade Commission）命令弗莱施曼公司停止这种说法。据推测，大多数人又回到了用黄油涂面包的生活。[25]就是不知道后来胃下垂的人数可有增加。

餐车菜单上还列着雪茄、香烟、口香糖、阿司匹林和扑克牌。有些菜单会提示乘客，当列车行驶在爱荷华州、犹他州或内华达州时，不能购买香烟。

少了鸡尾酒或红酒，或者拿贝沃仿啤酒或葡萄汁兑苏打凑合着喝，乘客们一定感到很痛苦。从这份1930年纽黑文铁路公司菜单上的文字来看，铁路在执行规定方面显然也遇到了一些问题。在禁酒令时期，同样的文字也曾出现在其他菜单上。　102

为了避免发生尴尬，管理部门要求乘客共同严格遵守禁酒令，烦请各位在乘车期间不要饮用含酒精的饮料。[26]

对违反禁酒令的行为，大多数作家嘴都很严，但向来直言不讳的毕比却爆出克莱斯勒汽车公司的创始人老沃尔特·克莱斯勒(Walter Chrysler Sr.)并没有严格遵守规定。据毕比说，当老克莱斯勒乘坐20世纪特快时，他总是在晚上为自己和同伴叫些新鲜西柚送到包厢，挖出果肉，给每个柚子壳里装上大约半品脱的干邑白兰地，然后点上火。他说这种饮料作为睡前酒再好不过。[27]

废除禁酒令

当禁酒令在1933年被废除时，酒类又回到了菜单上，一些铁路线还打造了精心设计的主题酒吧车厢，其中西部风情的装潢尤其热门。

据《丹佛邮报》(*Denver Post*)报道，1936年6月15日，联合太平洋铁路公司的新客运列车“丹佛城号”(City of Denver)首次亮相，当日有2万人前往丹佛的联合车站一睹其风采。列车的酒吧车厢被起名叫“边境小屋”(Frontier Shack)。报纸将其描述为“科罗拉多州采矿小镇的拓荒酒馆”的翻版。[28]酒保套着缎子袖箍，带有节疤的松木墙上贴着通缉海报、莉莲·罗素的玉照和职业拳击手的图片。

另一辆流线型客车“洛杉矶城市号”(City of Los Angeles)于1937年首次上路，运行于芝加哥和洛杉矶之间，是乔治·伯恩斯(George Burns)、葛蕾茜·艾伦(Gracie Allen)和塞西尔·B.戴米尔(Cecil B. de Mille)等当年好莱坞名流的选择。为头等舱乘客准备的俱乐部酒吧被叫做“小金块”(Little Nugget)，被设计成想象中淘金时代舞厅沙龙的样子——奢华的维多利亚式装潢，到处是红丝绒、蕾丝和镀金的石膏小天使。[29]

这些花里胡哨的酒吧里提供各种鸡尾酒，如曼哈顿、马提尼、古典鸡尾酒、金菲士和B&B。人们可以订购进口的苏格兰威士忌、黑麦威士忌、波旁威士忌、干邑白兰地、琴酒，以及各种啤酒和麦酒。与此同时，禁酒令时期的一些矿泉水和软饮料也没有下架。

103 你一定发现了这里面没有伏特加。今天的美国是世界第二大的伏特加消费国，仅次于俄罗斯，但直到20世纪60年代，美国人都不怎么喝伏特加。禁酒令废除后不久，鲁道夫·库内特(Rudolph Kunett)，这位来自斯米诺夫家族的俄罗斯移民就开始在美国蒸馏并销售伏特加。然而这种美国人不认识的酒卖得并不好，直到他做了这样一个广告：“斯米诺白威士忌——没有气味，没有味道”。这句广告暗示你可以喝完后回到办公室或家里，不会有喝过威士忌或琴酒后那种明显的口气。然而冷战和反苏情绪降低了伏特加的销量，在当时其体量还没有大到可以扛得住这种冲击。[30]

之后，在1962年，詹姆斯·邦德走进了酒吧。当电影《诺博士》(*Dr. No*)的主演肖恩·康纳利点了一杯用斯米诺伏特加调制的马提尼，并要求摇一摇而不是搅一搅后，这个名场面让伏特加销量飙升。有趣的是，在伊恩·弗莱明(Ian Fleming)的第一本詹姆斯·邦德系列小说《皇家赌场》(*Casino Royale*)中，被他叫做维斯珀马提尼的鸡尾酒是用哥顿琴酒、伏特加和丽叶酒调制的。[31]

然而，根据《伏特加：一部全球史》(*Vodka: A Global History*)一书的作者派翠西娅·赫利希(Patricia Herlihy)的说法，美国人应该感谢理查德·尼克松让伏特加如此流行。他在百事可乐公司和苏托力伏特加之间安排了一笔商业交易，使伏特加的销量猛增。苏托力成了最潮的饮料，到1975年，伏特加已是美国的主要酒类之一。[32]

儿童乘客

见多识广的成年人并不是餐车唯一的顾客。到20世纪20年代，许多铁路公司，以及酒店和餐馆，都制定了儿童菜单。从铁路公司的角度来看，儿童菜单是培养下一代顾客的好办法。如今的儿童菜单很普遍，但在当时尚属一种创新。此前，许多父母会给孩子们打包食物，而不是把他们带到餐车上。有些火车允许父母跟孩子一起吃，还有一些为10岁或12岁以下的儿童提供半份成人餐，并收取半价。

铁路公司对儿童餐收费比成人餐低这件事让家长们很满意。

饭菜是小份的，清淡的口味也符合 20 世纪初的营养学理论。加拿大国家铁路公司的一份儿童菜单上写了曾就食物的选择咨询过一位著名的营养师，适合 10 岁以下的儿童。菜单还特别注明：“除了菜单本身之外，还有用蓝棕双色印刷的图片以及能引起儿童兴趣的诗句。”[33]

104 菜单本身就是为吸引儿童而设计的。有些做成松鼠或大象这种动物的形状，有些印着鹅妈妈的童谣，特别以食物为主题的那些，比如不吃肥肉的“瘦杰克”(Jack Sprat)或卖唱换饭吃的“小汤米·塔克”(Little Tommy Tucker)。有些菜单是拼图，另一些则带有可供儿童涂色的插图。菜单还给套餐取了些可以逗孩子一笑的名字，比如“棚车午餐”或“煤车特餐”。

儿童菜单还经常带些教育意义。20 世纪 40 年代联合太平洋铁路公司的菜单在菜品旁绘有凯巴布松鼠的图片和关于它们生活习性的知识。当孩子们自己阅读菜单，或者由父母读给他们听时，可以了解到这种松鼠只生活在大峡谷北部的边缘地带。当他们挑选甜点时，会读到松鼠有一条白色的尾巴，在雪天可以遮住它深色的皮毛。

一份典型的儿童菜单上有蔬菜汤或鸡汤、烤羔羊排、土豆泥、105 一种新鲜蔬菜、面包和黄油，以及一系列甜品，包括冰激凌、奶油布丁、水果或果酱。55 美分一份的餐点里还包括牛奶或可可。

一份未注明日期的圣路易斯—旧金山铁路公司的菜单列出了儿童餐的选项，一份有清炖汤、奶油鸡、土豆泥、奶油布丁、牛奶或可可的套餐价格为 90 美分；另一份有水果杯、肉或鱼、奶油菠菜、煮土豆、冰激凌、牛奶或可可的套餐是 1 美元；还有一份比较便宜只卖50美分的套餐，包含一盅汤、土豆泥、肉汁酱、黄油胡萝卜、苹果酱和牛奶。此外还有一些单点的品类，包括麦片、果汁和吐司等。

20世纪30年代早期，一个10岁的孩子可能会在风风光光的旅行中对豪华列车产生好感，但等他或她到了20岁，世界已然改变。长大成人后的他们面对的是战争、食品配给，以及一个重视汽车和飞机远胜铁路的世界。

冷饮吧

对冷饮吧行业来说，禁酒运动和禁酒令属于重大利好。冷饮吧取代了全国城镇里的酒吧，许多饮酒者只好勉为其难地用苏打水和圣代来代替啤酒和鸡尾酒。冰激凌的人均消耗量从1920年前的不到5夸脱飙升至1930年的9夸脱。制冷技术的改进和更高效的冰激凌制作设备使安装一个冷饮吧前所未有的容易，在街角的药店、百货公司、豪华邮轮和火车上，几乎所有的地方都装了冷饮吧。1926年，北太平洋铁路公司为10辆新的普尔曼观景车厢配备了冷饮吧，其他公司也随之跟进。 106

圣代是美国人最喜欢的冷饮之一，因此在它的制作，特别是起名上有着无限的创意：单身汉圣代（Bachelor Sundae）、波士顿俱乐部圣代（Boston Club Sundae）、德尔莫尼科（Delmonico）、风流寡妇（Merry Widow）、夏威夷特制（Hawaiian Special）、复活节圣代（Easter Sundae）、科尼岛（Coney Island）、航空滑翔（Aviation Glide）、抛物线（Throwover）、彩宝圣代（Knickerbocker Glory），如

此等等，不一而足。其中比较诡异的还有杂碎圣代（Chop Suey Sundae）。杂碎浇头的配方之间区别很大，除了食谱要求使用荔枝之外，这些浇头跟美国中餐馆里的同名菜肴毫无关系。

干杂碎圣代

将 1/2 磅带籽葡萄干、1/4 磅荔枝、1/8 磅椰子、1/2 磅蜜饯樱桃、1/2 磅蜜饯菠萝、1/2 磅混合坚果、1/8 磅香橼和 1/2 磅枣切碎并混合在一起。将冰激凌放在圣代杯中，撒上混合浇头，再加一点肉桂粉即可上桌。

——厄文·P.福克斯（Irving P. Fox），《刮刀：药剂师插图月刊》（*The Spatula, An Illustrated Monthly Publication for Druggists*），1906 年

加州的馈赠

铁路公司经常会强调自家餐车上提供的许多食物都是沿途地区新鲜出产的。特别是南太平洋铁路公司，特别强调其餐车伙食是“西部特产供西部”。20 世纪 20 年代，该公司的推广册子上宣称，他们餐车提供最好最新鲜的当地哈密瓜、苹果、葡萄、橘子、葡萄干和其他产品。有个品种的番茄因为生长在加州的萨克拉门托地区而被宣传为“萨克拉门托茄”（Sacratomato）。

餐车的菜单以加州的熟橄榄、水果，甚至奶油奶酪为特色。葡萄干是一种重要作物，1904 年一本题为《来吃加州水果》（*Eat California Fruit*）的小册子专门颂扬了其优点，并建议，由于葡萄

107

干是“天然的甜点”，所以可以给小孩拿来当糖吃。小册子里还收录了用葡萄干做曲奇、蛋糕、面包、火鸡填料和布丁的食谱。

这个当代版的“葡萄干种植者的葡萄干酱”的食谱是火腿的传统佐料，但与鸡肉或火鸡一起食用也十分美味。

葡萄干种植者的葡萄干酱

供应份数：2 杯

1 杯浓稠的红糖

1 又 1/2 汤匙玉米淀粉

1/4 茶匙肉桂粉

1/4 茶匙的丁香粉

1/4 茶匙黄芥末粉

1/4 茶匙盐

1 又 3/4 杯水

1 杯加州葡萄干

1 汤匙醋

在平底锅中，将红糖、玉米淀粉、香料、芥末和盐混合。加入水和葡萄干搅拌均匀。中火加热，不断搅拌，直到混合物变稠并沸腾。从火上移开，加入醋。趁热跟火腿一起食用。

——加州葡萄干营销委员会（California Raisin Marketing Board）提供

第六章

黄金时代，和不那么黄金的时代

对长途旅行的火车乘客而言，两次世界大战之间的年月是他们的黄金时代。火车以前所未有的速度和奢华服务把旅行者带到他们的目的地。铁路公司增加了津贴和福利，使铁路旅行好过以往的任何时候。英国的观影车厢为乘客播放新闻、动画和旅行纪录片。美国的火车雇用了护士兼服务员来帮母亲带孩子以及照顾老人。火车引入了观景车厢，旅客可以透过超大的玻璃窗欣赏风景。即使是在自助餐车厢和酒吧车厢里，用餐也是令人愉快的。服务亦无可挑剔。长途旅行已经没有比这更好或更快的方式了。

1920 年，美国铁路的旅客超过了 10 亿，而到 1925 年，在其客流量达到顶峰的时期，餐车雇员有 10 000 人之多。[1] 在咆哮的 20 世纪 20 年代，私人涂装车厢仍然是豪门巨富的身份象征；到 1927 年，生产商已经制造了 100 多辆豪华车厢。

当时的一些人认为汽车很快就会过气，尽管它已经开始跟通勤列车争夺生意。然而汽车对长途列车的影响确实微乎其微，因为后者有华丽的会客室、卧铺和餐车。当他完全可以坐在一流的车厢里享受优雅的环境和优质的服务时，一个理性的人是不会想开着不靠谱的汽车穿越欧洲或美国的。

在1915年旧金山的巴拿马-太平洋国际博览会上，游客们惊奇地看着飞行员艾伦·H.卢格海德（Allan H. Loughead）（后来他把名字改成了更容易发音的洛克希德）用他的飞机载着勇敢的乘客飞行。尽管留下了深刻的印象，但博览会的参观者们不太能想象自己会乘坐飞机穿越世界，或至少穿越国家。因此当1927年查尔斯·林德伯格飞越大西洋时，很少有人，尤其是铁路高管，能看到这预示着旅行方式的改变，以及飞机马上要成为火车的竞争对手。

110

然而，即使飞机还没来抢生意，好日子还在持续，铁路仍然存在一个问题。1925年，美国铁路公司每日要提供8万份餐食，并承受着1 050万美元的净损失。[2]成本的增长远高于收益，必须要采取一些措施了。为了减少损失同时又不损害其优质服务的声誉，铁路公司想尽了办法。简单地削减服务项目是不可行的。富裕的乘客已经习惯了铁路公司提供的各种奢侈享受，并不愿意有任何改变。当铁路公司试图取消一些华而不实的项目时，会被乘客发现并被投诉。餐车里的鲜花成本不菲，但当南太平洋铁路公司换成了塑料花时，乘客们让公司明白他们对此很不满意。[3]如何在保持服务一流的形象和公关价值的前提下降低成本，是铁路面临的一大挑战。

111

在美国，禁酒令对于缩减开支并没有帮助。对餐馆来说酒水是一大财源，餐车也不例外。在禁酒令之前，餐车的酒单上有一长串的红酒、香槟和其他饮料。事实上，通常评判一次行车是否平稳的标准就是看香槟有没有洒出来。在禁酒的日子里，一些菜单试图用花样百出的甜品和软饮来填补酒单的缺席。1920 年失去这一收入来源后，对美国铁路餐饮服务也是一个打击，就像餐馆和酒店一样。

接着，大萧条来了。到 1933 年，美国铁路的总客流量从 1920 年的 10 亿人次下降到 4.35 亿。[4]整个私人涂装车厢的市场都垮了，1930 年甚至只生产了一辆。[5]

欧洲的铁路公司躲过了禁酒令，却躲不过大萧条。各地的铁路公司尝试了种种策略来应对他们的损失，然而大都失败了。20 世纪 30 年代，有几家公司在车厢里安装了类似于空调的设备，另一些公司则指望通过提速来改善业务。1933 年，一种新型德国火车的时速达到了 100 英里，因而被命名为“飞行汉堡”（Fliegnede Hamburger）。英国的一种流线型机车也不甘示弱，仅仅几年后就达到了以前无法想象的时速 126 英里。

为了削减成本，部分铁路公司放弃了餐车，而其他铁路公司仍在继续运营，甚至生产了新的餐车，希望这些更新、更闪亮的餐车能挽回顾客。当时平均一辆新餐车的成本超过 5 万美元，这还不算瓷器、银器和餐巾的全套配置。超豪华车厢的造价更高，20 世纪特快的新餐车每辆价值 9.2 万美元。[6]维修和保养也很昂贵。一辆标准餐车每 18 个月需要大修一次，费用高达 7 000 美元。由于餐车员工的薪水是最大的开支之一，铁路公司增加了人工较少的午餐柜台和自助餐等选项。有些公司雇用女性来当服务员，因为她们的工资比男性低。[7]这一策略类似于普尔曼当年雇用被解放的奴隶，因为他们的工资比白人低。

在欧洲，卧铺车公司效仿其他欧美同行增设了二等车厢。英

国的铁路公司不仅有二等座和三等座，还在维持餐饮服务的同时
112 尝试用各种方式来控制成本。由于当时跟铁路竞争的公共汽车票价虽低却没有餐饮服务，铁路公司的广告仍然主推其餐车的品质和便利。当他们最终意识到新生的航空旅行业所带来的威胁时，便开始强调火车旅行的豪华和舒适。

快餐和零食

早在 1883 年，普尔曼就推出了自助餐车，为乘客提供了在两餐之间享用点心的场所。1887 年 12 月的《铁路公报》(*Railroad Gazette*)报道说，纽约中央铁路公司的连廊列车的诸多优点之一便是自助餐车，车上“有一个低调的吧台，适用的药剂就放在旁边的药箱里”。[8]那个年代习惯于用医学词汇来代指酒水，而著名的调酒师杰瑞·托马斯(Jerry Thomas)在他 1862 年出版的《如何调酒：又名美食达人好伴侣》(*How to Mix Drinks, or The Bon-Vivant's Companion*)一书中则把酒吧的顾客称为“病人”。[9]

1894 年的《纽约时报》报道说，自助餐车“允许顾客单点，似乎正在开始受欢迎”。两次世界大战之间的那几年已然是自助餐车的时代。铁路公司喜欢它们，因为其装配和运营成本比餐车低，而且事实上，与大多数餐车不同，它们通常都是盈利的。乘客们也喜欢自助餐车，因为这比在餐车里正襟危坐地用餐更随意、更便宜，也更快捷。

一般来说，自助餐车提供午餐、零食和点心，比如炖牡蛎、汤、茶、咖啡和饮料。许多自助餐车还提供很好的晚餐，但与早些年相

比，没有那么正式和昂贵。香槟酒始终都待在菜单上。20 世纪初，纽黑文铁路公司往来于波士顿和纽约之间的自助餐车就以（马萨诸塞州）梅德福朗姆酒、克鲁格香槟酒、波士顿鳕鱼和科图特牡蛎为卖点。[10]

“波士顿鳕鱼”（Boston Scrod）是美国东北部对海鲜的一个叫法，指的是鳕鱼、黑线鳕鱼或其他白鱼的鱼排。关于这个名字有很多传说。有人说这是“水手放在甲板上的渔获”（Seaman's Catch Received On Deck）的首字母缩写。还有人宣称它是“神圣鳕鱼”（Sacred Cod）的缩写，指的是那个挂在波士顿州政府大楼里的大西洋鳕鱼的纪念木雕，正是这种鱼养活了该州早期的开拓者。根据《牛津英语词典》，其词源可能是中古荷兰语，“schrode”的意思是“切下的一块”。词典还提到一些美国字典将动词“scrod”释义为“切碎，撕成小块以备烹饪”。不管这个词是怎么来的，鳕鱼都是火车上的特色菜，在美国东北地区也仍是一种受人喜爱的鱼类。

除了自助餐车，其他实惠的用餐选项里还包括简餐车厢、酒吧车厢、休憩车厢、简餐—休憩—观景三合一车厢、咖啡馆车厢、冷饮吧车厢和午餐车厢。同一列火车可能同时配备了餐车、简餐车和午餐车，供乘客随心选择。 113

19 世纪末，英国的一些火车引入了自助餐车，但最初并不被看好，于是很快又被改装回普通餐车。有些人认为不太成功的原因在于它们看起来像工人阶级的酒吧却向所有阶层的乘客开放。他们认为，有些乘客不愿跟工人阶级混在一起，而另一些乘客则觉得要跟上层阶级和睦相处是件挺吓人的事。克里斯·德温特·希伯伦，《在飞驰中用餐：铁路餐饮业 125 年庆》（*Dining at Speed: A*

Celebration of 125 Years of Railway Catering）一书的作者，对此表示反对。在他看来，自助餐车不成功更有可能是因为乘客已经习惯了在餐桌上接受服务，而不是走到柜台前要求服务。然而在1910年，当更优雅的普尔曼自助餐车问世后，乘客们倒也愉快地在车上享用起小食和金汤力酒。

20世纪30年代，一份标准的英国自助餐车的午餐提供的选择包括西柚、番茄汤、小牛肉火腿派、火腿、罐头牛肉、牛舌、鸡肉冻、烤牛肉、土豆沙拉、水果沙拉或奶酪加饼干、面包卷加黄油，以及茶或咖啡。除了西红柿汤其他全是冷菜，这意味着可以提前准备好，还节省了燃料成本。英国的“快捷午餐车”很像美国的便餐柜台，有吧台和座位，用烤架和电热炉提供食物。

除了自助餐车，一些英国的火车还通过在特定时间提供特定膳食或小吃来灵活地满足乘客的需求。针对坐早班车的商人有早餐车，下午则是茶水车。茶水车上摆着英国茶室里常见的那种时髦的便携式木架，一名“配膳男仆”会从上面取出茶点三明治和蛋糕。有些线路为了配合购物者提供午餐车，有些则主推晚上11:15剧院散场后的班次并提供夜宵。[11]

英国人还通过缩减餐车的菜单来节约开支。一些线路取消了开胃菜，把菜单的第一页改成汤品，只提供一道冷的鱼菜和一道烤肉，并以各种冷肉作为替代。餐后点心要么是甜品，要么是奶酪，只能二选一。此外，他们还以整条线路为单位来规划菜单，以便批量采购。法国的铁路公司为了节约成本也搞了自助餐车，德国的火车则提供包含饮料和冷盘的速食餐，都是将食物送到乘客座位前的活动桌上。

114

奢华vs实惠

即使铁路公司已经在试图用自助餐车、简餐车和午餐车来节约成本，但同时也仍继续推出新的豪华车厢和高级餐饮。希伯伦看到了这种矛盾，并写道这种高速、精致的流线型列车不过是“吸引眼球的东西，虽然只占客运服务的一小部分，但却具有巨大的公关价值——正是它们让铁路旅行充满魅力”。[12]

纽黑文铁路公司的“洋基快艇号”（Yankee Clipper）就是一个吸引眼球的完美例子。1930年，也就是在1929年股票市场崩盘后仅一年，这辆往返于波士顿和纽约之间的特等豪华列车便闪亮登场。它被称为“火车贵族”，只提供最好的食物和服务。乘务员穿着燕尾服，服务生则穿着白西装打着黑领结。这条线路声称只使用新鲜食材，绝没有罐头食品，每天下午还有全套英式下午茶配烤松饼和手指三明治，乘客可以选择在客厅车厢或餐车里用茶。

餐车的晚餐菜单极为丰富，甚至可说是新奇。除了惯例在列的牡蛎、清炖汤和烤牛肉外，还有当地人最爱的特色菜，像波士顿鱼汤、蛤蜊煎饼和鲜草莓酥饼。这完全就是在当时新英格兰地区随便一家好馆子里都能看到的菜单。每样东西都是超高的质量，熟悉的味道，而且还不是法国菜。

仅仅7年后，铁路公司又推出了简化版的“自助烧烤车”。烧烤车配备了炭火烤架和蒸汽食品柜，但没有烤箱，显然是为了削减成本。面包、馅饼和蛋糕是在该公司位于波士顿南部多佛尔街的烹饪车上烤好后再装车的。烤肉、火鸡和其他肉类也是在那里做好再供应给列车的。

这些食物包括新英格兰蛤蜊浓汤、炭烤鸡肉配蔬菜、炭烧鱼(种类不详)，以及烤熏火腿配菠萝。甜品有印第安布丁、香草冰激凌和“家庭自制”苹果派。由于当时禁酒令已经结束，烧烤车的菜单上还特别强调了鸡尾酒。

烧烤车的初衷是让乘客走到柜台前，点好食物，然后用托盘端回自己的座位上。由于不需要服务生和烤箱，仅需少数几位厨师，这种简化的服务对铁路来说是好事。从理论上讲，自由随意的用餐方式和新鲜烤制的食物也能吸引乘客。事实也的确如此。

115

让乘客们有意见的是服务不周。许多人抱怨在晃动的火车上端着装满食物的托盘走动很困难，因此铁路公司不得不雇用服务生。据说女性乘客在自己端着食物时尤其觉得不便。然而为了解决这个问题，纽黑文铁路公司雇用了女服务员，她们被称为“烧烤女郎”。在那个尚未觉醒的年代，她们个个都得年轻、苗条、楚楚动人。女郎们身着短裙套装，戴着俏皮的帽子，脚踩着稳当的鞋子，是烧烤车广告的主角。[13]

一方面是各种偷工减料，另一方面是提供豪华服务，这种对比正是两次世界大战之间这段时间里铁路的典型特征。

车 外 备 餐

116

对于铁路公司来说，节约成本和提高食品供应效率最有效方法之一，就是将一些存储、准备和烹饪工作挪到火车之外。在餐车刚出现那会儿，车上的厨房很小，而菜单却很长。1877 年，当《弗兰克·莱斯利画报》（*Frank Leslie's Illustrated Newspaper*）发行商的妻子乘坐着豪华的普尔曼车厢时，她将晚餐形容为"德尔莫尼科式的"，并写到火车上的厨房让她想起了"精巧的巴黎式厨房，里面的每一寸空间都得到了利用，只用了那么一丁点儿的柴和炭就达到如此神奇的效果"。[14]

几年后，菜单缩短了，厨房也变大了，但产生这样的效果仍是一个挑战。火车乘客每天都要消耗大量的食物，一列标准的火车每天可能要用掉一吨多的土豆和数百磅的其他蔬菜和水果。如果存货见了底，餐车厨师不可能让火车停下来额外补货买点鸡蛋或奶酪；而在小小的餐车厨房里烤出足够一天三百多顿饭吃的面包，即使有这个能力，操作起来也是不现实的。因此，为了让食品的供应、储存和烹饪更加高效可靠，铁路公司在沿线的战略要地都建了补给处，并配有设备齐全的厨房、屠宰设施、面包房、洗衣房和储存区。

1914年，以其名菜"巨无霸烤土豆"著称的北太平洋铁路公司在西雅图建造了补给处，用于食品的储存和烹饪。这座建筑的顶部装有一个40英尺长的烤土豆的复制品，以便让它时刻出现在大众的视野中。公司还有自营的乳制品、家禽和生猪养殖场，以保证供应和质量。鸡蛋和乳制品被打上日期标签以确保新鲜度。这可是在20世纪初，使用期限或销售期限的概念还远远不为人所知。也难怪北太平洋铁路公司以其食品的卓越品质而闻名。[15]

1922年，《南太平洋铁路公报》（*Southern Pacific Railway Bulletin*）刊登了一篇题为《南太平洋铁路菜单背后的故事》（"The Story Back of a Southern Pacific Menu"）的文章，告诉乘客他们是

如何在 1.1 万英里的线路上保持着“最高标准的伙食和服务”。文章对所有提供餐饮服务的火车所面临的问题以及他们想要寻求的解决方案给出了深刻的见解。

毫无疑问，南太平洋铁路公司十分自豪于其餐饮服务。在“最佳之选”的标题下，文章写道，铁路公司采购了“来自加州品质最好的橙子和西柚，来自佛罗里达和加州的牛油果，路易斯安那的大米，科切拉山谷的甜瓜……弗雷斯诺郡（Fresno）的葡萄和葡萄干，胡德里弗郡（Hood River）的苹果”。文章还自夸他们是唯一一家采用佛蒙特州出产的枫糖浆的公司，而且是“不添加糖的纯枫糖浆”。

117

当时，南太平洋铁路公司每天要在 92 辆餐车、1 辆便餐车和 12 辆午餐车上提供近 8 000 份餐食。标准的餐车厨房面积为 6 英尺 8 英寸×16 英尺，内部配有炉灶、烤箱、炭烤炉、冰柜、水槽和桌子。据《南太平洋铁路公报》统计，整个铁路系统的日常需求包括 514 加仑牛奶、3 226 磅土豆、172 加仑奶油、597 磅黄油、803 打鸡蛋、2 148 磅牛肉、503 磅咖啡和 23 箱苹果。

当时的车厢还没有配备冰箱，所以每天需要 1 000 到 2 000 磅的冰块。冰块被储存在车厢下面，必须等火车停了才能取出。这也是一个没有洗碗机的时代，正常一个人一天要洗将近 2.2 万个盘子。1926 年南太平洋铁路公司的另一本小册子说，餐车部门提供了 718.2 万份餐食，“就是说这些食物足够一次性喂饱整个伊利诺伊州的人口”。

难怪铁路公司要努力将尽可能多的设备和人工从火车转移到补给处的储藏室和厨房。这不仅减轻了餐车后厨员工的部分压力，还可以进行大宗采购，节约成本，也有利于品控。由于补给处的后厨人员做了大量工作，火车上的厨师能更轻松地每次都以同样的方式把菜做好——搭配牛排的酱汁不会每天变来变去，新鲜出炉的苹果派只需要装车，切片，再加一勺冰激凌，就可以端给满心期待的客人。乘客们可以确信，在这一次旅行中享用到的菜肴，在下一次旅行中也会一样色香味美。

南太平洋铁路公司运营着六个补给处，用于储存厨房设备和半成品食物。公司甚至还建了自己的熏制所供厨师们预备火腿和熏肉。根据《南太平洋铁路公报》的描述，补给处的厨房里是这样一番情景：

> 所有的肉都要经过去骨、修边、切割，并在交付给厨师之前做好烹饪的准备工作。用来制作汤羹的原汤以加仑装的容器送上车厢。蛋黄酱和法式调味品是用一夸脱装的梅森罐备好并装车的……补给处会将用来做馅饼的面团事先发好，保存在冷却箱里供应给各车厢。煮过的西梅装在半加仑的容器中发放以保证品质稳定。开车后的第一顿饭所需的面包、饼干和派也是在补给处的厨房里烤制的。

补给处的大型贮藏室一方面使铁路公司可以通过批发货物来节省开支，另一方面也提供了便利的储存空间，让列车可以沿途补货，同时腾出了车上的空间。所有的餐车用品，从酒杯、锅碗瓢盆到厨师的围裙，都在补给处进行清洗、抛光和收纳，以便为列车运行提供装备，或替换途中可能损坏或磨损的物品。南太平洋列车

118

在为期三天的行程中必须备好超过 2 000 件的亚麻布制品，其中包括 1 000 条餐巾、220 条桌布和 250 条餐垫，以及厨师的围裙和侍者的外套。这些亚麻布被清洗、熨烫，并存放在补给处的洗衣房里，以备下一班列车使用。有些补给处还配有烟草保润盒，可以为乘客贮存新鲜的雪茄和香烟。

补给处也是办公场所，厨师长或乘务总管在这里安排菜单、订购货品和结清账目。他要确保某辆餐车的当日菜单上列出的所有东西都已经准备好，只待列车一到就可以装配上车。他简化了餐车员工的工作并确保一切顺利进行。厨师和侍者的培训也在补给处大楼里进行。[16]

美国和其他地方的大多数铁路都有类似的操作。在巴黎，一个巨大的厂房为许多卧铺车公司的列车提供大量面包、蛋糕、点心，以及冷肉和家禽。食品从全国各地运来，经过检查、清洗、包装后被送到终点站。铁路公司还安排在沿线各站储存当地特产以及新鲜的面包、农产品和牛奶以供应列车。[17]

看不见的服务

随着时间的推移，大多数铁路公司越来越依赖在列车外备好的食物，并开始使用罐头、冻品和预制食品以降低成本。1930 年，大北方铁路公司出了一本题为《看不见的服务》（*The Unseen Service*）的宣传册并在其中罗列了补给处员工的幕后工作。宣传册被分发给乘客，向他们展示铁路公司是如何以认真的态度，向他们提供看得见和看不见的完美服务。自然，“看不见的服务”被描述为完全正面和以客户为导向的。它没有点明这为铁路公司节省了成本,或为列车减少员工数量,又或是有经验的厨师可能会被没经验的工人所取代,因为食物已经事先做好只需要加热。服务是看不见的,其背后的根本原因也继续不清不楚。

1938年宾夕法尼亚州铁路公司的服务手册承诺:“菜肴能做到摆盘美,口味佳,分量大。”手册强调了其高标准的服务,声称每一道汤品每一份酱汁都是由厨师们从头到尾一手包办的。手册还说,“在任何情况下绝不会把做好的蔬菜剩到下一顿”,相对地,它建议将吃剩的蔬菜做成“可口的沙拉”。 119

手册对菜单的准确性十分严谨。一份烤豆子的食谱写道:“如果菜单上的烤豆子标明了是‘家常风味’的,则应使用以下食谱。如果不是,则应使用罐头豆子来制作下列菜肴。”

菜的分量很足。一份鱼菜要用一整磅的生鱼。虾是个例外,一份是1/3磅,扇贝是1/4磅。一份龙虾是1又1/4磅。牛排和汉堡包的分量是半磅;猪肉则很大方地给了一整磅。 120

关于上菜和摆盘的说明跟菜谱一样具体。没有一样东西是随便搞搞或由员工自定的。操作指示详细到明确了哪个盘子要放在可可或咖啡壶的下面,开胃饼干要放在面包和黄油的盘子里,再配上1根香菜和1/8个柠檬。此外还有关于制作红萝卜雕花、樱桃小花饼干、芹菜切花及其他饰菜的说明。

显然,公司对菜肴的品质十分重视。手册里甚至还有制作鱼子酱开胃小饼和经典法式调味汁的说明。然而,铁路公司提供的不是不易保存且价格昂贵的新鲜蔬菜,而是罐头蔬菜,有芦笋、青豆、甜菜、玉米、豌豆和西红柿,以及芦笋、西蓝花、菠菜和菜花等制成的“速冻蔬菜”。泡茶用的是茶包，而不是散装茶叶。手册里还有一个“家常自制版”的姜饼食谱，以及另一个使用预制半成品面糊制作的姜饼食谱。[18]

手册中的一些省钱方案让人想起20世纪初鲁弗斯·埃斯蒂斯也有过类似的法子。它建议将吃剩的面包烤一下，用来替代配汤的饼干。剩余的芹菜要留着给厨师做高汤和浓汤。肉类可以切碎，做成烩菜和炖菜。所有这些都是明智而节俭的料理技巧。

几年后，联合太平洋铁路公司的手册里收录了用贝蒂·克罗克（Betty Crocker）蛋糕粉制作蛋糕的食谱。纽黑文铁路公司备受好评的名菜威尔士干酪酱则干脆就是罐头食品。尽管供应商是波士顿最好的食品店S.S.皮尔斯公司，但罐头食品就是罐头食品。[19] 1941年，沃巴什铁路的餐车在其菜单上刊登了“美国淑女牌”（American Lady Brand）清炖汤的广告，并标明“各地高档食品店有售”。大众已经接受了使用罐头食品，以至于餐车菜单上都可以打广告。到了此时，大多数线路都在走这个捷径以节省开支，也令食品服务更加规范而稳定。节约是必要的，这一点毫无疑问，但铁路公司在20世纪30年代后期采取的一些做法却导致了标准的降低。

其他选择

20世纪30年代后期，铁路客运业务有所回升，但餐饮服务仍面临着跟过去一样的挑战。除了车外的准备工作和其他选择，一些铁路公司减少了饭菜的分量，还有一些则减少了自选菜单上的

121

菜色并缩短了套餐菜单，甚至连盘子的数量也变少了。

北太平洋铁路公司在其“黄石彗星号”（Yellowstone Comet）餐车上提供五种简单的套餐，价格从75美分到1美元不等。其中一份75美分的套餐包含冰镇番茄肉汤、蟹肉或鸡肉沙拉、维也纳小面包配黄油，以及冰茶或咖啡。1美元的套餐则有生菜或番茄，鱼或肉二选一，北太平洋烤土豆，任选一种蔬菜，派、布丁或冰激凌，以及咖啡、冰茶或牛奶。一个真正的改变在于菜单的标题——不再是严肃的“晚餐菜单”，而换成了更轻快的“晚间俱乐部服务”。不那么正式也不那么隆重、更加随意的餐食才是当下的主流。

1940年，纽黑文铁路公司推出了特别自助餐服务，这意味着自助餐也可以通过车外备餐来完成。为了适应日益增长的客流，纽黑文铁路公司在东向和西向的“商务专列”上都用自助餐车取代了一节餐车。替换下来的餐车被用于其他客运列车上。自助餐车就是改造后的客车车厢，配备了餐车式的桌椅和长长的自助餐桌，只是没有厨房。车厢工作人员包括一名女迎宾员，一个服务生团队和一位身着耀眼的白色工作服、头戴传统厨师帽的自助餐厨师。两个闪亮的铜质暖锅里放着当日特色菜——可能是保着温的烤羊腿配薄荷酱或纽堡龙虾。菜单上还有各种蔬菜和一道土豆菜。这样一顿饭比一份标准的餐车晚餐便宜，而且令乘客高兴的是，第二份食物是免费的。由于自助餐车没有厨房，所提供的食物要么是在公司位于多佛街的炊事车上准备的，要么是在剩下的餐车上准备的。[20]

暖锅（chafing dishes）本身是个历史悠久的东西，但在当时特别流行。由一个身穿厨师服的人掌管的自助餐，对乘客来说肯定感觉很新奇很有品位。由于自助餐使列车能够用更少的员工、更快地为更多的乘客提供服务，纽黑文的财务一定对此非常满意。

家庭式服务和错峰用餐也是削减成本的方式，帮铁路公司和乘客都省了钱。1940 年，宾夕法尼亚铁路公司的一份菜单上提供了早班特餐或晚班特餐。为了缓解餐车和后厨的压力，铁路公司向那些愿意在用餐高峰期前后吃饭的人提供了便宜的特餐。在早上 7 点前，一份有橙汁、火腿碎炒蛋、烤面包和咖啡的早餐仅需 50 美分。上午 11 点前或下午 2 点后有“特价午餐”；晚餐则是 17 点前和 20 点后。午餐和晚餐的价格都是 65 美分，菜色很简单：

122

鱼、肉或蛋类菜肴
（如有需求可做成煎蛋卷）
用家庭式大托盘上菜
配土豆和蔬菜
面包和黄油
甜点
一杯咖啡、茶或牛奶

另一个明智的商业决策是在餐车菜单上刊登广告，比如美国淑女牌罐装清炖汤。从 20 世纪 30 年代晚期到 40 年代，啤酒、肯塔基波本威士忌、黑麦威士忌、加拿大干姜汁和苏打水的广告都登上过火车菜单。以 21 世纪的标准来看，有些广告令人不适，有些则傻里傻气。然而毫无疑问，这些广告为铁路公司带来了必要的收益。

在20世纪30年代百威啤酒的一则广告中,一位身着侍应生正装的黑人在高雅的鸡尾酒会上为来宾端上啤酒。广告的标题是:“好日子来了,老板!”同时代的一则蓝带啤酒的广告中,一位身着标准女仆装的白人女性在一个看起来同样高雅的派对上服务。广告题为:“周日晚宴大获成功”,文案写道:“跳动的琥珀色,经典的金黄色,泡沫如蕾丝的皇冠,美不胜收,美味无穷——蓝带啤酒”。

其他客户包括华尔道夫酒店、爱迪生酒店、林肯酒店(Lincoln Hotel)和南方的丁克勒连锁酒店(Dinkler Hotels)。芝加哥的马歇尔·菲尔德百货公司(Marshall Field)和S&W自助餐厅(S&W Cafeterias)也曾在餐车菜单上刊登广告。

第二次世界大战

在欧洲,战争对于铁路是毁灭性的灾难。1940年法国沦陷后,德军控制了欧洲的火车,其中也包括东方快车。于是所有的旅游都停了。除运输之外,德军还将部分车厢作为军官宿舍,据说一些卧铺车厢还被用作妓院。餐车变成了固定的餐厅或部队食堂。数以百计的车厢在战争期间被破坏、搜刮或摧毁。

战后,幸存下来的车厢从机车到厨房都需要大规模翻修。涂成迷彩的车厢必须重新喷漆,窗帘帷幔和带软垫的家具也需要补充,餐车从瓷器到烹饪设备都需要更换。恢复欧洲的铁路系统将是个长期工作。 123

美国的情况就完全不同了。铁路公司已不再被财务问题所困扰，战争对他们来说是重大利好，货运和客运业务均有大幅增长。军用列车占了业务增长的重头，但并不是全部。许多军方人员在休假或报到时也乘坐普通客运列车。平民们被敦促为战争做出点牺牲放弃铁路旅行，但面对汽油和轮胎的配给制度，那些不得不出行的人还是得坐火车。为了应对业务量的激增，火车车厢也在不断增加，战前因业务下滑而被搁置一旁的车厢被从仓库里调出并重新投入使用。最终政府批准了生产 1 200 辆新的运兵车厢和 400 辆炊事车厢。[21]

124

业务的增长意味着对铁路的需求剧增，而许多经验丰富的员工，包括厨师在内都加入了军队，这使得剩下的人不得不加班加点，也不得不随机应变。由于黄油、肉类和咖啡等食品被抢购一空，铁路厨师不得不想方设法在供给不稳定的情况下喂饱更多乘客。有些人在咖啡中掺入填充剂，人造黄油代替了黄油，比起牛肉，鱼和火鸡才是餐桌常客。

一些细致的服务不得不被放弃。精美的爱尔兰亚麻布断供了，所以桌布和餐巾磨损后只能用普通的棉布来替换。餐具不再像过去那样精心摆放，菜被盛在一个盘子里送上来，用刀叉和勺子直接吃。储存、供应和清洗像沙拉盘、鱼叉和甜点勺这些专用器皿是不可能的，因为一列曾经只服务 200 人的火车，现在坐了 600 人。[22]

各处的服务标准都在下滑。哈维公司仍然拥有一些哈维家园，并为圣达菲铁路的餐车配备工作人员，但当铁路开始在全国范围内运送军队时，该公司也面临着激增的业务。战前的哈维家园生意一度冷清到记者威廉·艾伦·怀特（William Allen White）为其写了一篇讣告，叹息它曾是"烹饪之光和学习的灯塔"[23]。战时激增的业务量让公司瞬间起死回生。已经歇业的哈维家园必须重新开始营业，新的女服务生得雇起来，其他已经退休的员工也要复职。公司需要大量人手，而且要快。因此哈维女郎的那些旧规矩就被废除了，比如承诺服务 6 个月到 9 个月和不许结婚之类的。已婚的、离婚的、30 岁以上的——只要你愿意来，公司就愿意要。公司甚至在夏季雇用女高中生。也没有时间对新员工进行过去那种"哈维式"的严格培训了，她们一经录用就立刻上岗，而且工时很长。

战时雇员的增加带来了一个有积极意义但确是意料之外的后果，即"哈维女郎"变得更加多元化。在战争期间，纳瓦霍人（Navajo）、霍皮人（Hopi）、祖尼人（Zuni）和其他印第安女性以及西班牙裔女性都得到了录用，这可是前所未有的。

尽你所能

1943 年，哈维家园和餐车每月要准备并提供超过一百万份膳食。[24]食品配给、未经培训的员工以及必须供养的大量服务人员使公司面临着考验。因而，餐点的品控和服务的质量不可避免地下滑了。部分哈维家园和餐车一如既往的出色，而其他很多门店却达不到同样的标准。

125

公司意识到了这个问题，而解决方法是开始在全国性的杂志上刊登一系列广告。这些广告的核心人物是一个虚构的、从未出现过的二等兵普林格尔（Private Pringle）。他们要求平民顾客看在公司照顾军事人员的份上，能多一些耐心和理解。如果乘客不得不忍受等餐时间变长，或可选菜色变少，这都是为战争所做出的牺牲。一份典型的此类广告上印着“请勿打扰”的标志，标题还写道：“嘘！二等兵普林格在休息。”这些广告还鼓励读者节约粮食，购买债券，并毫无怨言地缴纳必要的税款。[25]

其他公司也开展了类似的宣传。餐车菜单劝说乘客通过购买储蓄债券或将零钱换成储蓄邮票来为战争出一份力。由铁路协会赞助的广告把火车称为“可靠的老伙伴”，强调它们每天运输500万吨物资以满足“国防需求”。菜单和其他带字的纸张都在提醒乘客们军人优先。纽约中央铁路的一则广告呼吁大家耐心等待，因为铁路公司现在“一分钟就要出一餐”，即“每年额外提供300万份的伙食”。[26]

下面这份20世纪特快的菜单为乘客清楚描述了当下的现实：

战时

餐车服务

更多的顾客……但没有更多的餐车。

饭菜的需求在增加……但许多重要的食物已供不应求。

这就是战时餐车上的情况。

……

这就是为什么我们请求您在用餐后及时离开餐车，以便给他人腾出位置。

……

这就是为什么和平时期的一些礼节被省略了……为什么饭菜被简化以加快上菜速度……以及为什么我们会根据如何最大限度地利用配给食物来制定菜单。

……

从现在起直至胜利的那一天，我们将继续尽最大的努力为您服务。同时，也感谢您在当下艰难的时刻给予的帮助和理解。

这份菜单还提到休假中的军人如自费旅行，餐价可以打九折。

126

为了减轻餐车的一些压力，纽黑文铁路公司在波士顿南站和纽约中央车站开设了盒饭餐吧。这是一个用三合板简单搭建的移动摊位，由"烧烤车女郎"提供服务。午餐盒里有鸡肉沙拉或火腿腌黄瓜三明治、一小瓶牛奶和一块水果。[27]

美国劳军联合组织(The United Service Organization，以下简称"USO")在许多站台上设立了食堂，为军人提供三明治、新鲜出炉的饼干、蛋糕和咖啡。士兵们的时间非常紧，很多时候他们甚至没法下车取餐。一些照片拍到士兵们探出车窗，从志愿者那里拿三明治。数以千计的志愿者把这项工作视为对战争尽一分力。根据USO的一项估算，有超过六百万人受益于这些服务。[28]

纽黑文铁路公司曾委托广告撰稿人小尼尔森·麦特卡夫(Nelson Metcalfe Jr.)为其创作一些战时广告，于是《4号上铺的兄弟》(*The Kid in Upper* 4)成了经典：

凌晨3:42，在一列部队开拔的火车上，士兵们正裹着毯

> 子沉沉睡去。下铺睡两个，上铺睡一个。这不是一次普通的旅行。在战争结束前，这将会是他们最后一次飞驰在美利坚的土地上。而明天他们已身处远海。但其中一个人却了无睡意……他静听着……凝视着那无尽的黑暗。这个睡在 4 号上铺的小伙子。他知道，今夜，自己正将许多小事抛在身后，大事亦然。汉堡和汽水的味道……开着敞篷车在六车道的高速上狂飙的快感，那条叫皮皮、点点或是黏人精比尔的狗狗。那个时常通信的漂亮姑娘……那个头发灰白的男人，在车站上那么自豪又那么笨拙，还有为他织袜子的妈妈，那双袜子他不久就会穿上。今夜，他要将这些细细怀念。他已喉咙哽咽，或许泪水也盈满了双眼。没关系，孩子，在这黑暗中没人看见。他正奔赴数千英里之外的地方，那里的人对他知之甚少。可是全世界的人们都在等待、祈盼他的到来。而他会义无反顾的前往，这个 4 号上铺的小伙子，将为这个疲惫不堪、伤痕累累的世界带来崭新的希望、和平和自由！
>
> 下次，当你乘坐火车的时候，请记得这个睡在 4 号上铺的兄弟。倘若你不得不站了一路，或许他就因此有了个座位；倘若你没能睡在卧铺，或许他就因此能一宿安眠；倘若你在用餐时不得不等位，或许就能让他，抑或是千万个他，能饱餐一顿毕生难忘的美味。我们唯一能做的，就是把他当作最高贵的客人来款待，以报答这份深恩。[29]

每个人都在尽自己的一分力量。特别是铁路工作人员，在应

127 对物资配给、安抚普通乘客，以及为数量庞大的军队供餐方面做出

了模范的工作。然而他们的努力实际上可能恰恰促成了铁路的消亡。“二战”后，许多人——无论是军人还是平民——都只记得火车上拥挤的人群、匆忙的服务、不太合口味的饭菜和调度的延误，而不是战时工作的需要或工作人员的奉献和辛劳。多年后，一位铁路高管推测，正是作为军用列车的这段履历在战后加速了铁路的衰落。[30]

暖锅菜谱

暖锅的历史可以追溯到几个世纪以前。然而，拿破仑·波拿巴不可能像芬妮·法默（Fannie Farme）在她1904年出版的《暖锅的潜力》（*Chafing Dish Possibilities*）一书中所说的那样，用暖锅为约瑟芬做煎蛋卷。法默认为暖锅菜对男性有特殊的吸引力。她写道：“单身汉为自己被称为使用这种器具的先驱而感到自豪。”多年后，她的一本烹饪书指出：“许多男性喜欢为客人准备特制暖锅菜。”她还声称，对于当晚女仆休假的家庭来说，暖锅是个很有用的炊具。

在近代，其诱人的外观使暖锅菜在宴会招待、自助餐和桌边烹饪展示中很受欢迎。1940年，当纽黑文铁路公司在用餐方式中增加了由自助餐厨师负责的铜制暖锅时，纽堡龙虾成了热门之选。以下是芬妮·法默的食谱。

纽堡龙虾

从一只2磅重的龙虾身上取下肉，切成片状或粒状。将1/4

杯的黄油融化，加入龙虾，煮至完全加热。用 1/2 茶匙的盐、少许卡宴辣椒、一点肉豆蔻和雪利酒、白兰地各一汤匙调味。煮一分钟，然后加入 1/3 杯稀奶油和 2 个略微打匀的蛋黄。搅拌至酱汁变稠。与吐司或千层酥饼一起食用。

——芬妮·法默，《暖锅的潜力》，1904 年

威尔士干酪是不是兔子？

不管是作为简单的干酪吐司还是花哨的暖锅晚餐，威尔士干酪酱都起源于兔肉。汉娜·格拉斯（Hannah Glasse）在 1747 年出版的《使烹饪变得简单易懂的艺术》（*Art of Cookery Made Plain and Easy*）一书中收录了威尔士、苏格兰和英国干酪的食谱。她的菜谱只不过是烤面包加奶酪而已。在英式干酪的菜谱中，她是将面包用红酒浸过。但通常啤酒才是首选饮料，既可以跟奶酪混合，也可以就着一起喝。到了 19 世纪，英式和苏格兰式的版本几乎都消失了，这道菜的名字也变成了威尔士干酪，尽管有些人仍然保留着早期的叫法。

128

20 世纪上半叶，罐装的威尔士干酪酱很受欢迎，在火车上也能吃到。在 20 世纪 50 年代，当暖锅重新兴起时，自制的威尔士干酪开始流行起来。这个版本来自一家现已不存的公司发行的小册子，该公司曾生产包括暖锅在内的铜器。如果你有的话，可以用暖锅来做，没有的话普通锅也可以。格鲁耶尔奶酪是一个从切达干酪转变而来的好东西。许多厨师会加入一茶匙伍斯特沙司再撒点辣酱，或只撒辣酱。

威尔士干酪

供应份数：6 人份

1 汤匙黄油

1 磅切碎的切达干酪

1 杯啤酒或麦芽酒

1/2 茶匙红辣椒粉

1/2 茶匙黄芥末粉

少许盐

将顶层锅放在水盆中，融化黄油，并加入奶酪。当它融化时，慢慢搅动加入啤酒。加入调味品。用木勺不断搅拌，直到拌匀，奶酪也完全融化。立即舀在涂好黄油的吐司上食用。

——铜艺行会公司（Coppercraft Guild，Inc.），《32 个最受欢迎的暖锅食谱》（*32 Favorite Chafing Dish Recipes*），日期不详

第七章

落幕与新生

在阿尔弗雷德·希区柯克1959年的电影《西北偏北》中，当加里·格兰特和爱娃·玛丽·森特在20世纪特快上用餐时，他们和周边的环境一样，都是魅力和成熟的缩影。格兰特点了一杯吉布森鸡尾酒，比通常的马提尼更加惹眼，森特建议点一道河鳟。餐桌上铺着雪白的亚麻桌布，上面摆着精美的瓷器，银色的花瓶里插着鲜花。服务生安静地侍立在旁。诚然，比起美食，格兰特和森特对彼此更感兴趣，但这场戏仍然描绘了一个铁路用餐的美妙时刻。

然而此时的20世纪特快已经快要跑到终点，这是它最后的余晖所营造出的幻象。就在一年前，这辆曾经只有普尔曼车厢的列车增加了经济车厢，结果是其声誉一落千丈。多年来一直为它大唱赞歌的毕比哀叹道，其餐车服务"是新秩序下第一个也是最令人痛惜的表征"。他可不仅是抱怨而已。他将自己的忠诚度转到了20世纪特快的竞争对手，宾夕法尼亚铁路的"百老汇有限公司号"。

战后时期

"二战"后,许多美国铁路公司生产了新的车厢,并推出了新的餐车。这一举措被《20世纪特快》一书的作者卡尔·齐默尔曼(Karl Zimmerman)称为"美国铁路公司为打动和争取旅客进行的最后一次英勇的尝试,却很可能搞错了方向"。[1]

130 1948年,新的20世纪特快餐车上线了。新餐车仍由亨利·德雷福斯操刀,加入了神奇的荧光灯和镜面墙等设计,使空间看起来更大。座位的角度被巧妙地设计成让乘客们可以直接欣赏到沿途的风景而无须越过对面桌的人。配有电子眼的门为乘客在车厢之间穿行提供了便利。厨房现在配备了一个冷柜来存放冰激凌和冷冻食品。冰箱里有单独的海鲜和奶制品储存区,甚至还有制冰机。

然而,1948年,在一篇题为《新的希望和旧的积怨》("New Hopes & Ancient Rancors")的关于火车车厢的文章中,《时代周刊》表达了对这个"机械奇迹"的质疑。从难闻的烟味到频繁的停131 车再到时好时坏的空调系统,在列举了铁路旅行的诸多不便后,文章在最后评论道(这很可能也是普通美国人的所思所想):

> 每个房间都有收音机,有内置的婴儿室,有电影院,有带透明拱顶的休息车厢,还有苗条的女迎宾员。这些奇迹是为普通人准备的,还只是为了满世界炫富?乘客是否仍要排队20分钟或更长时间,才能在餐车里找到一个座位?火车是否还像受伤的麋鹿一样在颠簸的路基上蹒跚?也许乘客真正想

要的是少些荧光和铬色的奢华，多些普通的、老式的便利和舒适。[2]

20世纪特快久负盛名的餐饮服务在20世纪50年代继续以高质量但老套的食物成为业界标杆。1954年，一份典型的晚餐菜单会提供橄榄、“芹菜法西”、雕花萝卜、辣腌甜瓜皮等餐前小食。尽管当时很流行在菜单上夹带一些法语词汇，但把朴实的填馅芹菜叫做“芹菜法西”还是过于做作了。除了小食外，还可以先吃点鸡尾酒虾、蟹肉饼、清炖汤或西红柿汁。菜单上有六道主菜：

煎加斯佩三文鱼排，配欧芹柠檬汁和黄瓜
黄油西葫芦，烤填馅土豆

烤长岛鸭，配芹菜调味汁和苦橙
薄荷青豆，欧芹蒜汁煎土豆

加拿大牛肝熏肉，20世纪特快限定
配白蘑菇和香草酱
田园时蔬配里昂风味烩土豆

烤牛肋排配原汁
波兰风味烩菜花，配特色土豆

烤羊排，配糖霜菠萝

薄荷青豆，烤填馅土豆

碳烤精选牛腰肉排

（如有需要可加白蘑菇）

黄油西葫芦，里昂风味烩土豆

132 酸橙酱是配鸭肉的经典调味汁，起源于18世纪著名厨师安托南·卡雷姆（Antonin Carême）。这是一种西班牙酱汁（Espagnole）或棕色酱汁，用酸橙或苦橙的皮和汁调味。菜单价格从4美元的三文鱼到5.85美元的牛排不等。甜品包括“古典蜜桃松饼配生奶油”、椰子布丁、冰镇甜瓜和“纽约特制冰激凌”，以及各种奶酪配雷·克里斯普黑麦脆饼（Ry-Krisp）或饼干。[3]

在20世纪50年代，有一群被称为“世纪女郎”的女性，身穿著名设计师克里斯蒂安·迪奥设计的裙装在火车上工作。她们的职责包括举办旅行讲座，为旅行中的高管打信件，以及给婴儿暖奶瓶。这份工作需要有大学学历。[4]

尽管铁路公司尽了最大的努力，但20世纪特快和整个铁路系统总体上处于衰退状态。1958年，著名的教会历史学家、作家兼铁路爱好者雅罗斯拉夫·帕利坎博士（Jaroslav Pelikan）在《飞行属于鸟类》（“Flying Is for the Birds”）一文中，将20世纪特快描述为“曾经快乐但如今只能怀念的记忆”。尽管不喜欢飞行并将飞机贬低为“飞行巴士”，但帕利坎认为铁路公司在放任自己的品质下滑。这并不是偶然的，因为这一年20世纪特快增设了经济车厢。

他附和了毕比的观点，写道："尽管人们希望火车能再次俘获美国人的想象，但这似乎是不可能的。更重要的是，他们甚至没有尝试去做。"作为一个任何时候出行都坚持坐火车的人，他写道："餐车仍是一个可以满足视觉和嗅觉的美妙去处。"但同时他也清楚，它的品质正在下降。他写道：

> 如今，新一代的旅行者正在崛起，只是对于旅途中的饭菜能有多美味，他们可能永远不得而知。纽约中央铁路的沙拉碗，沃巴什铁路的小麦饼，大北方铁路的烤土豆，加拿大太平洋铁路的白鲑鱼——这些都是真正的顶级食品。或者至少曾经是这样。铁路旅行就像婚姻生活，一旦出了问题，厨房总是最早受害的之一。[5]

20 世纪 50 年代，许多铁路公司都大幅削减了餐饮服务，或者干脆将其取消，因为损失已大到无法承受。一些铁路公司试图用酒吧车取代餐车。自 19 世纪末以来，列车上的俱乐部或酒吧车厢一直是仅对会员开放的，但 1953 年，纽黑文铁路公司开始运营面向普通乘客的酒吧车厢。酒吧车在工作日下班后离开中央车站前往纽约郊区的列车上尤其有人气，一些上班族会在回家的路上美美地喝上三四杯。据《吃在海岸线》（*Dining on the Shore Line Route*）一书的作者马克·弗拉塔西奥（Marc Frattasio）说，车上的调酒师用一人份的易拉罐和小瓶子来倒饮料以控制分量。这种单份装也防止了铁路员工偷喝。波士顿的上班族常喝黑麦威士忌兑干姜水加冰；纽约人则喝 S.S. 皮尔斯波本酒、贝尔威士忌和赫布林

133

预调鸡尾酒。[6]

赫布林公司(The Heublein Company)在19世纪中叶推出了几瓶预混式的陈年鸡尾酒。早年的广告中宣传这种酒是“游艇、露营派对、夏日酒店、钓鱼派对、登山、海滨度假或野餐”的最佳选择。广告还提醒道：“小心假货。经销商处有售，主要铁路线的餐车和自助餐车也有售。”[7]到了20世纪60年代，鸡尾酒的队伍已经扩大到伏特加马提尼、毒刺鸡尾酒(stinger)、得其利(daiquiris)，以及曼哈顿、威士忌酸(whiskey sours)、古典鸡尾酒(old-fashioned)和边车鸡尾酒(sidecars)。当时的广告是这样写的：“这些都是在主要航线和铁路上供应的鸡尾酒名品。”[8]

对铁路公司来说，花生加鸡尾酒比烤牛肉配红酒更有利可图。1961年，纽黑文铁路公司的餐饮服务部实际入账1.04美元，利润可说微薄之至。不止如此，这一年还是纽黑文二度破产的一年。1969年1月1日，纽黑文铁路公司被命运多舛的宾州中央运输公司收购。[9]

自动料理机是铁路公司应对亏损的另一个徒劳的尝试。1963年10月，纽约中央铁路公司大张旗鼓地推出了这种机器，由当红女星赫米奥妮·金戈尔德(Hermione Gingold)演示乘客使用“雷达烤箱”自己做饭是多么方便。自助料理的菜色有“奶酪口蘑烤通心粉(Macaroni au Gratin)”“索尔兹伯里烤牛排(Broiled Salisbury Steak)”“佛蒙特州烤火鸡(Roast Vermont Turkey)”配调味汁，甚至还有“纽堡龙虾”。机器还可以做三明治、华夫饼、曲奇和其他食品。铁路公司的宣传册也大吹其新服务的快捷、便利和实惠。铁路公司的简报《前灯》(*Headlight*)特别强调：“烤炉能利用微波能量以极快的速度让食物熟透。”烹调主菜只要 2 分 45 秒。这套新玩法里只有价格令人满意。奶酪口蘑烤通心粉仅售 75 美分，纽堡龙虾 1.25 美元。中央铁路公司将自助料理机称为其“经济旅行的新星”。[10]

新闻界的反应则不那么热烈。大多数报道都遗憾地指出，机器、纸盘和塑料餐具正在取代身穿白马甲的侍者、瓷器和银餐具。《尤蒂卡每日新闻》（*Utica Daily Press*）上一篇题为《中央铁路公司以次充好》（“Central Replaces Sterling with Nickel”）的文章写道，新餐车的出现使得原先两辆餐车的员工失去了工作。配备了自助料理机的餐车如今只需要一名服务员，负责给机器补充食材以及提供饮品。[11]

134

的确，大多数报道都承认铁路在餐车这一块一直是亏损的这个事实。纽约的《农达新闻》（*Nunda News*）援引中央铁路公司发言人的话说，该公司去年在餐车上每赚到 1 美元就要损失 1.28 美元。然而文章同时指出，“全自动的自助餐也不赚钱，只是把餐车的损失从 1961 年的 270 万美元微降到去年的 260 万美元。”[12]

《圣彼得堡时报》（*St. Petersburg Times*）则报道说，其他铁路公司也在尝试引入自动服务。记者托马斯·罗林斯（Thomas Rawlins）写道：“南太平洋公司作为全国比较成功的铁路之一，去年在餐车服务上也损失了 265 万美元。”对于自助料理机，他解释说：“过去需要一名主厨、一名主管和一名服务员来运作昂贵的厨房，现在一个服务生就是餐车的全部员工了，而负责做饭的是乘客。”罗林斯预言：“铁路餐车可能很快就要走上黑色木质火车头的老路，成为省俭思维下的自动化技术的受害者。”[13]

自动贩卖机和酒吧车厢都无法拯救陷入困境的餐车。时代的洪流已不可阻挡。

毕比和克莱格——最后的坚守者

根据齐默尔曼的统计，从1946年到1953年，全国范围内的铁路客运损失增加了五倍。[14]鉴于火车服务的削减和新式飞机的速度，乘客们越来越多地选择航空公司也就不足为奇了。即使是最忠实的铁路迷也在渐渐放弃铁路旅行这个宏伟的世界，但卢修斯·毕比和查尔斯·克莱格(Charles Clegg)却公然无视常识，又购入了一台私人涂装车厢。他们是最后一批这样做的人，并短暂地同时拥有过两节私人车厢。他们最初的那辆"黄金海岸号"(The Gold Coast)已经开始老化，因此在1954年，二人决定将其捐赠给位于加州奥克兰的铁路和火车头历史协会太平洋海岸分会(Pacific Coast Chapter of the Railway & Locomotive Historical Society)。然而，他们一直将其保留到了从普尔曼公司购得了"弗吉尼亚城市号"(The Virginia City)为止，如此一来就可以吹嘘自己同时拥有两节私人车厢。[15]

曾为《欢乐梅姑》(*Auntie Mame*)和其他许多电影设计过奢华布景的好莱坞设计师罗伯特·汉利(Robert Hanley)，对"弗吉尼亚城市号"的内部进行了重新装修，总耗资超过37.5万美元。[16]毕比称之为威尼斯巴洛克风格。帷幕用的是金丝，壁炉是意大利大理石，吊灯是穆拉诺玻璃，甚至还有一个蒸汽浴室。在他1959年出版的《轮上的豪宅》(*Mansions on Wheels*)一书中，毕比宽宏大量地引用了《旧金山纪事报》(*San Francisco Chronicle*)著名专栏作家赫伯·卡恩(Herb Caen)写的一篇关于车主及其车厢的文章。文章是这样开头的:“**镀金笼子部门**:亲爱的乡巴佬,让我告诉你有钱人如何生活。”卡恩写到“弗吉尼亚城市号”是全国唯一一台货真价实的私人火车车厢。在引用克莱格的话时,他明确表示车主无意假装它是一辆办公车或商务车:

135

> 克莱格先生说:“买它就是为了玩儿。”为了证明这一点,他在客厅的酒吧里调了马提尼,然后我们走进餐厅,享用主厨华莱士准备的午餐,乘务员克拉伦斯服务在旁服侍(二人都是从南太平洋公司雇来的)。午餐挺不错的,有克里奥尔风味鱼汤加米饭、南方炸鸡、火腿和豆子、热玉米面包、南瓜派、上等的法兰西香槟。“华莱士一般把午餐做得比较清淡,”毕比先生说,“你得留下来吃晚饭。他正在做大餐。”

然而即使是克莱格和毕比也知道私人车厢的黄金时代已经落幕了。毕比还为它写了悼词:

> 私人车厢曾是铁路上最耀眼的存在,它们的时代就这样结束了,而一度风光无限的铁路本身如今也已没落。但曾几何时,绿底金漆的私人车厢满载着荣耀,将要人显贵们送往壮阔的命运和远方的大陆。它们是一种无可比拟的象征——象征着崇高的社会秩序和一种大胆消费及占有的哲学。它们将永远是这部美国生活方式的史诗中的一章。[17]

战后的欧洲

东方快车在“二战”后重新上线，只是恢复尚需时间。然而当它真的归来时，却已物是人非。车厢不复华美，人员没那么充足，一些路线在铁幕政治下改道。有时，从某些站点发车的列车上只有一个卧铺车厢，这意味着频繁的停靠和缓慢乏味的旅程。列车经常不配备餐车就上路。从巴黎经萨洛尼卡到伊斯坦布尔的直达列车直到 1952 年才得以恢复。然而在 20 世纪 50 年代，飞机，而不是铁路，已经成为热门且实惠的旅行方式。

伊恩·弗莱明（Ian Fleming）1956 年的小说《来自俄罗斯的爱情》（*From Russia with Love*）中的部分情节就发生在东方快车上。弗莱明，这个永远的浪漫主义者写道，火车“轰轰烈烈地行驶在伊斯坦布尔和巴黎之间长达 1 400 英里的闪亮的铁轨上”，读来确实激动人心。但他不得不承认，詹姆斯·邦德坐的并不是 20 世纪初那辆只有头等舱的豪华列车。他写道，如今的火车拖着一截“廉价车厢”，设了一大堆停靠站点，“一群喋喋不休的农民挎着包袱和柳条篮子”在巴尔干半岛的某个站台上等着上车。在旅途的初期，火车上是没有餐车的，到了南斯拉夫会加挂一个餐车，里面提供的早餐是“煎蛋，硬黑面包，以及主要成分是菊苣的咖啡”。火车到达的里雅斯特后，食物有所改善，邦德和可爱的塔季扬娜·罗曼诺娃在那里享用了意式菠菜宽面（tagliatelle verdi）和美味的无骨鸡排，还有布罗里奥酒庄的红酒，罗曼诺娃还担心如此美食会让她发胖。然而即使在小说中，列车也不复当年的荣光。[18]

136

《时代周刊》报道说，1960 年，东方快车在维也纳和布加勒斯特之间的线路上平均每趟只运载 1.5 名乘客，这也导致它最终被取消。被该杂志称为“更浮夸的新贵”的辛普隆东方快车会继续高效地运送乘客，但“不似他们祖辈们所知道的那么奢华”。[19] 两年后，豪华铁路旅行仍然存在，只不过是在联邦德国和日本。杂志还谈到，“如今的美国铁路宁愿运货也不愿载人，而且这种态度表现得很明显”，“推理作家们的挚爱，迷人的东方快车已经凋零了。”但杂志高度评价了联邦德国的“莱茵的黄金号”列车，它有空调车厢和玻璃幕墙的观景车厢，“可供观赏莱茵地区的城堡”，还配有“鸡尾酒吧和美食餐厅”。《时代周刊》也盛赞了日本的高速列车，有“穿着制服的女孩推着满载食物和清酒的小车在过道上来走来走去”。[20]

东方快车的光辉岁月一去不返，令许多火车迷都惋惜不已，并将遗憾之情诉诸笔端，但没有人比约瑟夫 · 韦克斯伯格(Joseph Wechsberg)的感触更深。身为一名作家、音乐家、美食家和火车迷，他在 1950 年为《纽约客》写了一篇关于列车悲惨状况的文章。文中写到了盥洗池前破裂的镜子、漏风的车窗和寡淡如水的汤。在旅行的第一段路程中，有一节餐车，菜单上有“土耳其煎蛋，米兰风味炸鸡排，奶油土豆泥，波兰风味烩菜花，格鲁耶尔奶酪，苹果”。一位法国乘客看到菜单时抱怨：“我的上帝，你还以为他们开了一家万国小饭馆儿。”虽然菜单不像过去那样列满了当地特色菜，但韦克斯伯格觉得这顿晚餐很不错。

餐车被卸下来的时候，那个法国人已经下了车。如果他还在的话会更不满意的，因为几乎要断粮了。餐车服务员设法给韦克斯伯格找来了几个大蒜香肠面包卷和一小瓶伏特加。聊天时服务

137

员提到自己有个女儿在美国，但他没钱去看她，因为他的工资很低，而且当时少有人给小费，就算给也很微薄，所以他提议韦克斯伯格要是哪天去了纽约的锡拉丘兹或许可以看看她。然而，他说：“不要告诉她东方快车如今的窘境。为什么要破坏一个幻觉呢，先生？让她继续以为爸爸在一列优雅美妙的火车上——一列真正的神秘列车上——是个重要人物。”[21]

几年后，韦克斯伯格为《星期六评论》杂志写了一篇题为《东方快车上的最后一个人》的感人报道。文章是这样开头的：

> 那是1961年5月27日星期六晚上8:20。再过几分钟，东方快车，这个曾经浪漫而神秘、充满魅力与怀旧之情的伟大列车，将发出从巴黎到布加勒斯特的最后一班车……铁路史上的一个伟大时代即将落幕。

韦克斯伯格再次描述了一列破旧的火车，部分路段没有餐车，它缓慢地前行，频繁地停车，因为它拖运的是当地的火车，而且士兵会在边境口岸搜查车厢和乘客的行李。韦克斯伯格谈到车上稀稀拉拉的乘客，里面并没有昔日神秘的间谍或蛇蝎美女，恰恰相反，那些年轻妇女看起来像牙膏模特一样健康。在车站，胡子拉碴的男人和农妇拿着捆好的纸板箱，等待着登上当地的火车。“很难想象还有比这更粗俗的一帮人了，”他写道，“赫尔克里·波洛会厌恶地转身离去。”

旅途的后半段，一节餐车挂上来之后，其领班向韦克斯伯格痛陈了列车的堕落，并向他展示了一份1903年6月5日的菜单。

“那天是东方快车20周年纪念日，餐车里的乘客吃到了鹅肝酱、烟熏三文鱼、鸡蛋肉冻、煎鳎目鱼、铁锅炖鸡，然后是甜点、奶酪和咖啡。”韦克斯伯格写道，他复述了领班的话，“而现在我们正在供应洋葱牛排。这真让人失望，不是吗？”

洋葱牛排，即牛排加上炸洋葱，是奥地利的家常菜。虽然它可能是一种备受喜爱的治愈系食品，但与之前的高档美食相去甚远。文章最后写道：“东方快车被历史的进程和飞机的速度所超越。早在最后一次运行之前，它就已经是一个过时之物。”仿佛是为了印证他的观点一般，那本杂志里塞满了航空公司的广告，宣传着飞机的速度，以及从伦敦到罗马、从贝鲁特到德黑兰的旅行之乐。[22]

138

卧铺车公司的各种列车又继续运营了几年，直到1977年5月19日，最后一班直通车从巴黎开往伊斯坦布尔为止。这列火车是由一节经历过辉煌时代的卧铺车厢和三节经济车厢组成的，没有餐车。乘客们得自带食物，或者在沿途车站有什么买什么。火车晚了五个小时才到达伊斯坦布尔。

这一年晚些时候，在摩纳哥，苏富比拍卖了卧铺车公司的车辆。如果每个对传奇列车最后的旅程发出悲叹的人能在前些年多乘它几次，也许如今就不必目睹它的终结了。事实证明，对于豪华长途铁路旅行来说，飞机是个过于强大的竞争对手。大多数人更愿意花几个小时在空中，而不是在火车上待几天。此外，铁路的服务质量在战争时期和战后的几年里下降了很多，以至于有些人几乎不记得铁路旅行也有过光辉岁月，那时精致的餐饮和奢华的装潢被视为寻常。就算记得，可当他们必须在周二、周三、周四之前赶到芝加哥、巴黎、罗马时，他们不能也不愿花时间坐火车。

飞机旅行早年就像19世纪末的铁路旅行一样令人心醉神迷。乘客会精心打扮再去坐飞机。事实上，有些家庭会穿上最好的衣服到机场去看飞机起飞。空姐是迷人的女神，飞行员更被视为英雄。在航空公司因其高质量的服务而广受关注时，帕利坎撰文表达了赞誉，并说铁路公司比起乘客更重视货物，因而对待乘客也十分敷衍。他写道：“铁马已经变成了驽马。”[23]

随着美国铁路的衰落、破产或扬言要破产，客运列车似乎成了濒危物种。但许多人仍然依赖铁路服务，甚至有些人更喜欢铁路服务。1970年，理查德·尼克松总统签署了《美国铁路客运服务法》，并成立了国家铁路客运公司以确保铁路服务的续存。公司最初被命名为“和轨”(Railpax)，后改为“美铁”(Amtrak)。诚然，有一些铁路公司仍在私人经营，但大多数都加入了“美铁”。虽然总是在成本和补贴的问题上受到政治博弈的影响，但它的确没有，也从未打算让乘客感受一下铁路旅行黄金时代的那种豪华餐饮。

同样地，尽管部分英国和欧洲的铁路公司继续提供豪华的卧铺和餐车服务，但由于成本高昂，不少公司已将其削减或直接取消。号称喜欢铁路旅行的乘客为数众多，但愿意为这份享受付出真金白银的却寥寥无几。

对过往的纪念

139 19世纪末，当铁路取代马车成为运输工具时，英美有些人便把驾驶马车当成了一种爱好。他们成立也可以说是重振了“四马在手”(Four-in-Hand)俱乐部协会，取这个名字是因为马车通常是由一名车夫赶着四匹马。早年当马车还是字面意义上的交通工具时，车夫属于工人阶级，通过将乘客送到目的地来谋生。而当驾驶马车成为一种消遣时，车夫就不再是工人了——他们是绅士，有些还是淑女，都富裕到能够负担得起马匹、马车以及它们的维护费用。他们也有充分的闲暇时间来沉迷于这项运动。有时候这些俱乐部的人数多到足以对当地的商业活动产生影响。一些位于马车旅行路线上的旅馆明显热闹了起来，因为旅客和马都要停下来吃点东西。俱乐部将原本实用的交通方式变成了有钱人的浪漫休闲运动。[24]

一般来说，当一种新的技术后来居上时，旧的技术反而会被人们珍视起来。在汽车和飞机等新的交通方式基本取代了火车旅行特别是长途旅行之后，对当年铁路黄金时代的怀念激发了一些人去搜集铁路纪念品，以及为了好玩而非实际需要去乘坐火车。

今天的铁路爱好者（有时被亲切地称为“火车迷”）乘坐火车或在火车上用餐，不是为了前往某个地方，而只为享受人在车上的体验。坐火车已经成为一种目的，而不是达到目的的手段。火车本身已经是目的地。它们被称为铁路遗产、观光铁路或保留铁路，大多数都是为了保有铁路传统而维持着，有些干脆就是字面意义上的博物馆展品。

火车博物馆

一个名为火车博物馆的网站（railmuseums.com）列出了全北美 295 家铁路博物馆，包括不列颠哥伦比亚的 9 家，加利福尼亚的 24 家，纽芬兰的 3 家。全世界还有 72 家博物馆，欧洲和澳大利亚各有 18 家，英国有 20 家。

当然，有些博物馆比其他博物馆的收藏范围要广，不少都是完全由志愿者管理的。很多博物馆在展出的同时还提供短途火车旅行。除了大量火车头外，馆内藏品还包括餐车、铁路瓷器、列车模型、铁路公司制服、海报、车票、时刻表、玩具火车，甚至是皇家包厢。许多博物馆也开展教育项目和活动。

140

作为全球最大的铁路博物馆之一，“轮上宫殿”系列是英国约克郡国家铁路博物馆引以为傲的藏品。这些宫殿是从维多利亚女王时期开始专为英国王室打造的车厢。该馆的藏品中还包含了近 200 万张记录铁路历史的老照片。[25]

位于萨克拉门托的加利福尼亚州立铁路博物馆藏有 20 多辆修复过的车头和车厢，复原了一个 19 世纪末的客运站，并将铁路对美国发展的影响用戏剧化的形式演绎出来。博物馆还会让游客乘坐着修复过的车厢进行短途游览，比如“黄金国号”（the El Dorado）就是一辆 20 世纪 20 年代的南太平洋公司的休憩观景车厢。针对那些不能去博物馆或不能经常去的人来说，该博物馆与州立图书馆、萨克拉门托档案和博物馆收藏中心，以及萨克拉门托图书馆合作，维护着一个网站（www.sacramentohistory.org），用图片讲解从 19 世纪中期到 20 世纪 20 年代末萨克拉门托谷地区的农业和运输的历史。[26]

主题火车

为了向曾经的铁路美食致敬，许多短途游览列车会将餐车复原成当年优雅的样子，并为乘客提供食物和酒水。有些游览列车跟博物馆有合作，有些则是独立运营，通常也是由志愿者来管理。以餐饮为主题的火车短途旅行项目比比皆是。在加利福尼亚纳帕谷的葡萄酒产区，坐在修复过的餐车上欣赏着葡萄园的美景，红酒、美食和火车爱好者们将各自的激情融汇在了一起。通常情况下，乘车和用餐会伴随着一个主题活动，可以是参观当地的酒厂，或破案解谜游戏，还有秋天的红叶之旅。可供用餐的车厢包含一辆 1952 年的圆顶普尔曼餐车，其周到的服务、餐桌的布置和美味佳肴都一如往昔。[27]

在美国的另一边，罗德岛新港的餐车行驶在风景优美的纳拉甘赛特湾（Narragansett Bay）沿线上，在修复过的普尔曼餐车里为乘客们提供膳食。还有一辆被公司称为"罗德岛唯一的移动冰激凌沙龙车"的列车，专门提供软冰激凌圣代，还有"糖果人指挥家"的娱乐节目。[28]

141

在宾夕法尼亚的兰开斯特郡，游客可以乘上斯特拉斯堡铁路的蒸汽观览车穿越阿米什人的农田，在一流的会客车厢中用餐，参观宾夕法尼亚铁路博物馆，并住在红守车汽车旅馆。这家旅馆是由一系列原属于联合太平洋铁路和利哈伊河谷铁路等线路的守车经过修复后组建而成的。

斯特拉斯堡铁路的游客可以坐 45 分钟的蒸汽火车，其间可以吃到当地的传统晚餐，或由乔装打扮的服务员提供的流浪汉背包午餐，以及其他餐品。孩子们则喜欢乘坐那个跟童书里的托马斯小火车一模一样的全尺寸蒸汽机车。成年旅客可以参加铁路的蒸汽朋克节，品尝维多利亚时代的晚餐和苦艾鸡尾酒。[29]蒸汽朋克是一场创造性的运动，以复古时尚、未来主义、科幻小说混搭的形式来崇尚工业革命时期的蒸汽动力机械和现代科技的结合。蒸汽动力火车是蒸汽朋克爱好者的完美背景板。

142 在英国，正如你想的那样，有许多下午茶列车。约克郡的蓝铃铁路（Bluebell Railroad）在一辆重新装修过的精美的“金箭号”普尔曼车厢上供应下午茶。这些车厢曾经气派地往返穿行于伦敦和巴黎。今天，在谢菲尔德地区的短途观景列车上可以享用到有精选茶、司康、蛋糕、三明治和水果挞的全套下午茶。当地修复后的蓝铃火车站上还有一座铁路博物馆。铁路公司同时运营着餐车、破案解谜列车、节假日庆典列车，甚至还有优雅的私人婚礼早餐车。餐车会在晚上7:30发车，晚上11:00返回。以下是一份标准的“金箭号”晚餐菜单：

欧芹苹果鼠尾草汤

野猪肉糜，配杏肉姜汁酸辣酱

三文鱼和茴香鱼饼，配烤辣椒和香菜奶油汁

烤西冷牛排，配红酒和龙蒿汁

鹿肉和烤根茎类蔬菜，配香草饺子

比目鱼，配芝麻香葱薄饼

烤野菌，蔬菜杂烩浇本地金十字山羊奶酪

143 苹果黑莓脆皮挞

奶油夹心巧克力泡芙[30]

英国的其他铁路也有下午茶主题列车，有《爱丽丝梦游仙境》

中的疯帽子茶、奶油茶、蒸汽茶和圣诞老人茶等。东兰开夏郡铁路公司提供周末游览服务，并在重装过的蒸汽驱动普尔曼餐车上供应时尚的午餐。这趟穿行于兰开夏地区优美的山谷和古朴的村庄之间的列车有着漂亮的老式车厢，里面装饰着木质镶板，桌上铺着洁净的桌布，摆放着精美的瓷器。下面是一份有三道主菜的周日午餐菜单。每份都包含一个素食选项。

鸡肝酱，配腌制红洋葱
番茄和马苏里拉奶酪沙拉

烤牛肉和约克郡布丁
意式烩饭酿辣椒，配番茄酱和奶酪汁

班诺菲派[香蕉和太妃糖做的派]

西蓝花和菜花奶酪汤

烤羊腿，配薄荷酱和锅底酱
烤蔬菜千层面

柠檬蛋白派

该公司的铁路啤酒之旅列车会将啤酒爱好者带去各种古色古香的酒馆和旅店，品尝经典的英国黑啤酒、苦啤酒、贮藏啤酒和苹果酒。火车还专门在罗滕斯塔尔(Rawtenstall)设了一站，那里有英国最古老的无酒精饮料吧——菲茨帕特里克先生酒吧(Mr. Fitzpatrick's)，为游客提供自制的沙士饮料。在修复后的火车站内部和周边都有一些小酒馆。[31]

私人涂装车厢，新生版

卢修斯·毕比绝不会赞同把卑微的守车也视为私人涂装车厢。守车是挂在货车末端的一个简陋的车厢，用来给负责转车及其他事务的乘务员提供住宿，也可以用作厨房、通铺或列车长的办公室。由于技术的革新和车组人员的削减，大多数守车已被逐渐淘汰，但也有些焕发了新生。

144

一群南卡罗来纳大学的橄榄球迷把 22 辆旧守车改装成了一个用来开橄榄球车尾派对的豪华场地。这些车厢被停放在学校体育场附近的一条未使用的铁轨上。

这些年下来，球迷们在这 30 英尺×9 英尺的车厢里装上了厨房、浴室、平板电视、空调、屋顶平台和其他各种设备，就像曾经的私人车厢的车主们一样。因为南卡罗来纳大学的校队叫“斗鸡队”(Gamecocks)，车厢便被命名为“斗鸡火车”(Cockaboose Railroad)。这项传统始于 1990 年，当时一位南卡罗来纳州的商人兼橄榄球迷以 1 万美元的价格买下了一台退役的守车并装修得很有格调，然后在车上举办赛前和赛后派对。其他人也开始效仿他的做法。这些守车的价值高达每辆 30 万美元，尽管车主几乎不可能将其出售。“斗鸡火车”上的派对已经成为南卡罗来纳州橄榄球文化的一个传奇。[32]

能得到毕比赞许的私人涂装车厢也回归了。一些美国铁路迷买下了旧车厢并对其进行了翻新。就像毕比时代的私人车主一样，这些人也会根据自己的品位和需求，用他们喜欢的时尚睡房、浴室、厨房和用餐区的任何配置对车厢进行整修。有报道称，修整一台车厢所费几何全赖车主的创意，有时会高达 50 万美元。因此一些车主时不时会将车厢出租以贴补装修所耗的费用。

当车主想旅行时，他们会安排将车厢拖挂在美铁公司的火车上，费用是每英里约 2 美元，以及每晚 100 美元的停车费。此外，还有工作人员的薪资以及将车厢从库房拖到火车上的费用。一趟从纽约到芝加哥的旅行，私家车主可能需要花费 2 000 美元至 3 000美元，取决于工作人员的数量和附加开销。而同样的行程，如果乘坐“湖畔特快”(Lake Shore Limited)，选择则可以从 100 美元的超值经济舱席位到 957 美元的观景卧铺车厢，丰俭由人。

根据联邦法律，私人车厢必须挂靠在时速不超过 110 英里的火车上。虽然乘客仍然要忍受所搭乘火车的频繁停靠和货运列车导致的延误，但乘坐私人车厢意味着你可以随时随地吃饭，不会被车站的广播吵醒，而且有更多的伸展空间。由于私人车厢连接在火车尾部而且通常都有大窗户，乘客还可以欣赏到乡村的美景。[33]

145

有些团体专门从事铁路车厢租赁。火车租赁有限公司是一个总部设在英国的组织，为个人和团体安排私人豪华火车旅行。从美国到英国，从摩洛哥到瑞士，公司在各个地方开展业务，用的是 20 世纪早期和装饰艺术时期的翻新车厢。

这些车厢通常加挂在常规发车的列车上，一般都设有餐饮和厨房区、卧室、休息室，以及观景天顶。私人车厢租赁服务中包含厨师和管家以及一系列超乎寻常的奢侈享受。该公司还提供整车租赁，如西班牙的豪华列车"坎塔布里亚穿越号"（El Transcantabrico）或南非著名的"蓝色列车"（Blue Train），供那些热爱享乐的时髦人士集体出行。[34]

威尼斯辛普隆东方快车的重生

旧式豪华火车旅行的爱好者们都在想方设法使部分顶级车厢持续运营。许多个人和团体都打造或修复了豪华列车，但在这件事上没有人比詹姆斯·舍伍德（James Sherwood）做得更成功。

146

1977 年，苏富比拍卖了五节曾被用于拍摄《东方快车谋杀案》的威尼斯辛普隆东方快车的车厢。海运集团（Sea Containers Group）的老板詹姆斯·舍伍德参加了拍卖会，想看看能不能捡个漏。

拍卖会受到大量关注，人们蜂拥而至，有些打算竞拍，有些只是去看看车厢和名人。尽管有一张摩纳哥王妃格蕾丝·凯利在勒内·拉利克（René Lalique）设计的优雅餐车中吃早午餐的宣传照，但在 1974 年的电影中看起来如此华丽的车厢其实早已残破不堪，急需一次彻底的翻修。

当时的摩洛哥国王买了两节车厢并入他的私人火车。舍伍德则买了两节卧铺车厢。在《威尼斯辛普隆东方快车：世界上最著名的列车的回归》一书中，雪莉·舍伍德描述了她看到丈夫买回来的车厢时的反应："当我在那些窗户碎掉、嵌板肮脏的废旧普尔曼车厢里钻进钻出时，想着我丈夫居然觉得能从这堆废墟里收拾出点东西来，不由得暗自震惊。”[35]然而舍伍德夫妇并不气馁，在接下来的几年里，他们四处寻购了包括餐车在内的其他车厢，以把拼图补全，或者用铁路术语来说，组成一辆完整的列车。但是如果要运行并载客，而不是搁在博物馆里展览，就得先把车厢改造到可以满足当下的安全要求。从刹车到电力驱动再到供暖设备，所有的车厢都必须进行系统更新。

为了重现车厢当年的优雅格调，舍伍德夫妇需要找到有专门技术的工匠来替换或复原一些内饰，如盥洗室地板上的马赛克，车厢内木质镶板上的细工嵌花，以及其中一辆餐车上的拉利克玻璃饰板。遗憾的是，在修复过程中，一些拉利克玻璃饰板被盗，不得不用新的来代替。舍伍德夫妇还必须处理一些细节问题，比如用更安全的褶皱丝绸灯罩取代餐车中易燃的赛璐珞灯罩，用阻燃且符合时代风格的织物为家具更换软垫。他们找到了符合火车风格的精美瓷器、水晶和亚麻织品来装备餐车，并雇了一支出色的团队在上面服务。如同前辈们一样，这些餐车也提供精美雅致的饮食。

1982 年 5 月 25 日，新的威尼斯辛普隆东方快车成功启动。从那时起，它一直在持续运营，规模不断扩大，为乘客提供奢华的旅行和精致的餐饮。如今它的菜单是经典法餐和当代创新的融合，菜色会根据季节和目的地的不同而改变。下面这份菜单罗列了乘客可以享用到的美食：

晚餐(Le diner)

147

Turban de bar cuit au four, farci de pignons de pin et de

tomates séchées, tuile de pain au pesto*

烤海鲈卷，配松子和填馅干番茄

香蒜面包蕾丝脆饼

Magret de canard des Landes rôti aux fèves de cacao épicées

Escalope de foie gras frais en “crumble”

烤朗德省鸭胸肉，配香辣可可酱

酥皮煎肥肝

148

Carottes fondantes au cumin

黄油孜然胡萝卜

Croustillant de pommes de terre

脆皮土豆派

Selection du maître fromager

精选奶酪拼盘

Soufflé au Grand Marnier

橙酒舒芙蕾

---

* 原文为法英对照，此处保留法文部分。——译者注

Mignardises

烘焙小糕点

Café de Colombie

哥伦比亚咖啡

舍伍德多年前从拍卖会上购回的那些破车，确实从雪莉眼里的破铜烂铁脱胎换骨了，连卢修斯·毕比和赫尔克里·波洛都会为之惊叹。现在的车厢正如那个催生了无数小说和电影的铁路旅行的黄金时代一样华美豪奢。

确实，在私人车厢或修复后的威尼斯辛普隆东方快车这样的列车上旅行就餐，超出了普通人的经济能力。然而，它向来都是如此。

班诺菲派

班诺菲派（banoffee pie）这种以“香蕉”（banana）和“太妃糖”（toffee）的谐音命名的软派，是1972年一家名为“饥饿的修士”（Hungry Monk）的英国酒吧发明的甜品。从那时起，它就成了英国菜单上受欢迎的一种“布丁”，在东兰开夏郡铁路的周末游览列车上也有供应。

派芯是由甜炼乳制成的太妃酱馅料，很有嚼劲，很像南美人最喜欢的太妃软糖（dulce de leche）。将事先准备好的馅料倒入派皮，包起来，提前一天冷藏。食用前，在表面铺上一层新鲜的香蕉片，堆上打发的生奶油。做派皮最好用酥脆的全麦英式消化饼，但格雷厄姆全麦饼干也很好用。

班诺菲派

149 供应份数：6 至 8 人份

馅料：

2 罐（每罐 14 盎司）甜炼乳

1 茶匙香草精

1/4 杯压实的红糖

4 汤匙无盐黄油，需融化

1/4 茶匙细海盐

煮沸的水（按需）

派皮：

2 杯全麦消化饼干碎或格雷厄姆饼干碎

5 汤匙砂糖

1/2 杯（1 根）无盐黄油，需融化

150 **浇头：**

3 根刚熟的香蕉

2 杯重奶油

1/3 杯糖粉

1/4 茶匙速溶浓缩咖啡，溶于 1 茶匙纯香草精将烤箱预热至400℉。

制作馅料：将甜炼乳、香草、红糖、融化的黄油和盐搅拌均匀，倒入一个6杯容量（约合900毫升）烤箱专用盆中，盖上铝箔纸。将烤盆放在一个9英寸×13英寸的烤盘中，并在盘中注入开水，直到水位达到烤盆高度的一半。烘烤炼乳糊，每隔15分钟搅拌一次，直到它蒸发、变稠并变成焦糖色，整个过程大概需要一个半到两个小时。从烤箱中取出烤盆，让其冷却。之后将烤箱温度降至350℉（约合176℃）。

等待馅料冷却时，可以准备派皮。在一个小碗里，将全麦饼干碎或格雷厄姆饼干碎与细砂糖和融化的黄油混在一起搅拌，直到饼干碎完全湿润。将其压入一个直径9英寸、深3英寸、底部可拆卸的挞盘中，或一个9英寸的派盘也可以。烘烤5到7分钟，直至派皮酥脆，放在网架上冷却。

等太妃馅料稍微放凉还没凝固时，用勺子舀到冷却好的派皮中，均匀地铺上一层。将派放入冰箱冷藏，直到馅料凝固。你可以用保鲜膜盖住派，将其冷藏24小时。

制作浇头：将香蕉去皮，切成1/2英寸厚的片状，放在太妃馅料上。找一个碗，把电动搅拌器设置为中速，将奶油、糖粉和浓缩咖啡香草精一起打发，直到打出坚挺的尖角为止。将打发好的奶油堆在香蕉上，向派皮的边缘铺开，确保香蕉片完全被覆盖，以防止其变色。上桌前派要一直放在冰箱里冷藏。

——摘自吉尔—奥康纳（Jill O'Connor）的《黏糊糊、有嚼劲、乱哄哄和粘嗒嗒：给重度甜食控的甜点》（*Sticky*, *Chewy*, *Messy*, *Gooey: Desserts for the Serious Sweet Tooth*）

后　　记

坐　火　车

“我喜欢火车。”每个和我谈起这本书的人都这样告诉我。然后他们又说自己已经很多年没坐过通勤列车以外的火车了，或者说他们只在欧洲坐火车，在美国不坐，又或者深情地回忆起读大学时拿着欧洲铁路通票到处旅行的情景。通常说这些话的人自己的孩子都已经上大学了。有些人说他们在纳帕坐过葡萄酒专列，或在伯克夏尔(Berkshires)坐过观光火车。但他们并没有真正地乘火车旅行过。

我常常会想，如果人们从未坐火车旅行，怎么能说自己喜欢火车呢？乘坐观光列车或餐车或博物馆列车当然很好，并没有什么问题。但我建议，等你下次度假的时候，可以坐火车前往目的地。路上可能需要更长时间，但火车旅行将是度假的一部分，而非仅仅是在到达目的地之前需要忍受的事情。如果你有孩子，他们还能上一次快乐的地理课，足以令他们终生难忘。

即使只是沿途经过，火车也能让你对一个地方有所感受。当你从火车上看到康涅狄格的海岸，你会明白它为什么是一个造船中心。这一点乘飞机和汽车都无法做到。当你坐着“新奥尔良城市号”(City of New Orleans)，穿过路易斯安那和密西西比的沼泽和河口，你会明白为什么卡特里娜飓风会对这个地区造成如此巨大的破坏。当你看到土地是多么平坦，水位又有多高时，这片风景会以一种不同于新闻报道和电视画面的形式鲜活起来。我们都知道得克萨斯州很大，但只有当你乘着火车奔驰在那片土地上，一个小时又一个小时，边境线始终远在天边，才能切身体验到它的广袤无垠。

152

你在火车上比在飞机上更容易与人相遇交往。他们中的许多人都是火车迷，会告诉你各条线路的特点和沿途必看的景点。你可能会遇到那些真正在你游览的地方生活和工作的人。在从罗马到佩斯卡拉(Pescara)的火车上，一个意大利家庭可能在你的家乡有亲戚；在得克萨斯的火车上，你可能会遇到得州人，告诉你在圣安东尼奥(San Antonio)哪里能吃到最好的墨西哥菜。

当你乘坐火车旅行时，你会直达或靠近一个城镇的中心，你能了解到这里的人对火车的看法。恢宏壮观的芝加哥联合车站说：“火车旅行在这里至关重要。”阴暗破败的休斯敦火车站说：“这里没人要坐火车。”得州朗维尤(Longview)的市民从联合太平洋铁路公司手中买下了火车站，正在自筹资金对它进行修复和扩建。一切不言自明。

那些相信欧洲火车系统更优越的美国人，当他们到达拉文纳(Ravenna)的车站，发现自己不得不拖着行李箱先走一段位于铁轨下的楼梯，再爬上另一段楼梯才能走出车站时，可能会改变先前的印象。跨越铁轨出站是被严格禁止的。然而，如果一个有魅力的女性微笑着无奈地看向她沉重的行李箱时，一名英俊的警察会来护送她穿过铁轨，而她也会得到一个意大利式的教训。

铁路并不是完美的，在任何地方都是如此。不要指望每次乘火车旅行时都能睡在奢华的车厢。火车跟火车也是不一样的。有些干净而舒适，另一些则不然。也不要指望到处都有精美的膳食。食物确实比飞机餐或快餐要好，但除了极其豪华的高端列车外，也没有那么好。高速列车除了零食几乎不会提供任何食物，因为到站速度太快，没有时间好好吃顿正餐。慢一点的列车可能有也可能没有供餐服务。

你不能指望火车有多完美，就像你不能指望你的配偶或孩子有多完美。和他们一样，火车也有自己的缺陷和特质。如果你在火车上旅行，尽管有缺陷，你也会爱上它们，甚至会因为这些缺陷而爱上它们。只有你真的坐火车旅行，才可以说你**喜欢**火车。

注　　释

导言

1. John-Peter Pham，*Heirs of the Fisherman: Behind the Scenes of Papal Death and Succession*（London：Oxford University Press，2006），20 – 21.
2. Jules Janin，*The American in Paris*（Paris：Longman，Brown，Green and Longmans，1843），167，www.books.google.com（accessed April 25，2013）.

第一章

1. Sir William Mitchell Acworth，*The Railways of England*（London：John Murray，1889），2 – 4.
2. Acworth，*Railways of England*，45.
3. Charles Dickens，*The Uncommercial Traveller*（New York：President，n.d.），48.
4. Anthony Trollope，*He Knew He Was Right*（London：Penguin Books，1994）.
5. Chris de Winter Hebron，*Dining at Speed: A Celebration of 125 Years of RailwayCatering*（Kettering：Silver Link，2004），16.
6. Acworth，*Railways of England*，146.
7. David Burton，*The Raj at Table*（London：Faber and Faber，1994），45.

8. Thomas Cook, *Cook's Excursionist*, 28 August 1863. In *Oxford Dictionary of National Biography*, 2013, www.oup.com/oxforddnb/info (accessed April 5, 2013).
9. Michel Chevalier, *Society, Manners, and Politics in the United States* (New York:Cornell University Press, 1961), 11.
10. Charles MacKay, *Life and Liberty in America: Sketches of a Tour in the United tates and Canada in 1857 - 1858* (London: Smith, Elder and Co., 1859), vi, www. ooks. google. com (accessed April 5, 2013).
11. Frederick Marryat, *A Diary in America, with Remarks on Its Institutions* (NewYork: Alfred A. Knopf, 1962), 366 - 368.
12. Marryat, *A Diary in America*, 369.
13. Ibid., 27 - 28.
14. E. Catherine Bates, *A Year in the Great Republic* (London: Ward & Downey,887), cited in August Mencken, *The Railroad Passenger Car: An Illustrated History of he First Hundred Years, with Accounts by Contemporary Passengers* (Baltimore: Johns Hopkins University Press, 1957), 186.
15. John Whetham Boddam-Whetham, *Western Wanderings: A Record of Travel in the Evening Land* (London: Spottiswoode and Co., 1874), 57 - 58.
16. Chevalier, *Society, Manners, and Politics in the United States*, 270.
17. Marryat, *A Diary in America*, 264.
18. University of Nevada, Las Vegas Digital Collections, http://digital.library.univ.du (accessed April 12, 2013).
19. *Kansas City Star*, 1915, quoted in Lucius Beebe, “Purveyor to the West,” *Amercan Heritage Magazine*, Volume 18, Number 2 (February 1967), www. americanheriage. com (accessed May 6, 2013).
20. Mencken, *The Railroad Passenger Car*, 118 - 119.

21. Noel Coward, *Quadrille: A Romantic Comedy in Three Acts* (New York: Douleday & Company, 1955), 136.
22. Robert Louis Stevenson, *The Amateur Emigrant* (Chicago: Stone & Kimball, 895), cited in *We Took the Train*, ed. H. Roger Grant (DeKalb: Northern Illinois University Press, 1990), 57.
23. Michael Hamilton, *Down Memory Line* (Leitrim, Ireland: Drumlin, 1997), 93.
24. Marc Frattasio, *Dining on the Shore Line Route: The History and Recipes of the New Haven Railroad Dining Car Department* (Lynchburg, VA: TLC, 2003), 4.
25. Barbara Haber, *From Hardtack to Home Fries: An Uncommon History of Amerian Cooks and Meals* (New York: The Free Press, 2002), 87 - 102.
26. Stephen Fried, *Appetite for America: How Visionary Businessman Fred Harvey Built a Railroad Hospitality Empire That Civilized the Wild West* (New York: BantamBooks, 2010), 94.

第二章

1. Terence Mulligan, "The Delights of Pullman Dining USA 1866 - 1968" Pullman Car Services Supplement Edition, April 2007), 5, www.semgonline.com (accessed April 9, 2013).
2. Henry James, *The American Scene* (New York: Harper & Brothers, 1907), 191.
3. Joseph Husband, *The Story of the Pullman Car* (Chicago: A.C. McClurg & Co., 917), 49
4. W.F. Rae, *Westward by Rail: The New Route to the East* (London: Longmans, Green, and Co., 1870), 28 - 30.
5. Rae, *Westward by Rail*, 30.
6. James Macaulay, *Across the Ferry: First Impressions of America* (London: Hodder and Stoughton, 1884), 137 - 138.

7. Macaulay, *Across the Ferry*, 142.
8. United States Patent Office, Patent No. 89,537, dated April 27, 1869, www.uspto.gov (accessed April 10, 2013).
9. John H. White Jr., *The American Railroad Passenger Car* (Baltimore: Johns Hopkins University Press, 1978), 316 - 317.
10. Lucy Kinsella, “Chicago Stories: Pullman Porters: From Servitude to Civil Rights,” Window to the World Communications, www.wttw.com (accessed April 10, 2013).
11. “Spies on Pullman Cars,” *The New York Times*, February 6, 1886, www.nytimes.com (accessed April 10, 2013).
12. Ellen Douglas Williamson, *When We Went First Class* (Garden City, NY: Doubleday, 1977), in *We Took the Train*, ed. H. Roger Grant (DeKalb: Northern Illinois University Press, 1990), 113.
13. Lucius Beebe and Charles Clegg, *The Trains We Rode* (Berkeley, CA: HowellNorth Books, 1965 - 1966), 838.
14. Hill Harper, *The Wealth Cure: Putting Money in Its Place* (New York: Penguin Group, 2012), 118.
15. “Paderewski Chef Quits Pullman Job,” *The New York Times*, January 3, 1928, www.nytimes.com (accessed April 10, 2013).
16. 火车专用餐具成了炙手可热的收藏品，部分单品甚至有藏家愿意出高价求购。由于餐具的设计会与时俱进，藏家们通常会专注于某个时期或某条线路。
17. “Across the Continent: From the Missouri to the Pacific Ocean by Rail,” *The New York Times*, June 28, 1869; Central Pacific Railroad Photographic History Museum, www.cprr.org (accessed April 10, 2013).
18. Husband, *The Story of the Pullman Car*, 80.
19. T.S. Hudson, *A Scamper Through America or, Fifteen Thousand Miles of Ocean and Continent in Sixty Days* (London: Griffith & Farran, 1882), 83 - 84.

20. William A. McKenzie, *Dining Car Line to the Pacific* (St. Paul: Minnesota Historical Society Press, 1990), 68 - 74.
21. University of Nevada, Las Vegas, http://digital.library.univ.edu/objects/menus (accessed January 29, 2013).
22. 2003年,波士顿联合牡蛎馆被指定为美国国家历史遗址。它始建于1716—1717 年,是全美尚在营业的最古老的餐馆和牡蛎吧。许多名流,如曾任国务卿的丹尼尔·韦伯斯特(Daniel Webster, 1782—1852)和肯尼迪总统,都是它家的常客。
23. www.pullman-museum.org (accessed March 26, 2013).
24. Timothy Shaw, *The World of Escoffier* (New York: Vendome Press, 1995), 89.
25. Lucius Morris Beebe, *Mr. Pullman's Elegant Palace Car* (New York: Doubleday, 1961), 347.
26. Ibid., 123 - 124.
27. James D. Porterfield, *Dining by Rail: The History and the Recipes of America's Golden Age of Railroad Cuisine* (New York: St. Martin's Press, 1993), 55 - 60.
28. White, *The American Railroad Passenger Car*, 319.
29. Ibid., 311 - 320.
30. http://menus.nypl.org/menu (accessed April 24, 2013).
31. White, *The American Railroad Passenger Car*, 320.
32. *American Magazine*, Volume 85 (1918), 144. www.babel.hathatrust.org (accessed April 14, 2013).
33. Moses King, *King's Handbook of New York City: An Outline History and Description of the American Metropolis* (Boston: Moses King, 1892), 109.
34. http://menus.nypl.org/menu (accessed April 24, 2013).

第三章

1. Jenifer Harvey Lang, ed., *Larousse Gastronomique* (New York:

Crown Publishers，1990)，1110.

2. E.H. Cookridge，*Orient Express: The Life and Times of the World's Most Famous Train* (New York：Random House，1978)，34－38.
3. Lynne Withey，*Grand Tours and Cook's Tours: A History of Leisure Travel，1750－1915* (New York：William Morrow and Company，1997)，181.
4. Anthony Burton，*The Orient Express: The History of the Orient Express Service from 1883 to 1950* (Edison，NJ：Chartwell Books，2001)，18－19.
5. “To Sunny Italy by the Rome Express：An Account of the First Journey by a Passenger，” *Railway Magazine*，December 1897.
6. Burton，*The Orient Express*，45－49.
7. “To Sunny Italy by the Rome Express.”
8. Cookridge，*Orient Express*，103.
9. George Behrend，*Luxury Trains from the Orient Express to the TGV* (New York：Vendome Press，1982)，28.
10. *Dictionary of Victorian London*，www.victorianlondon.org (accessed May 21，2013).
11. “Europe：Off Goes the Orient Express，” *Time Magazine*，October 31，1960，www.time.com (accessed May 21，2013).
12. T.F.R. “The Pleasures of the Dining-Car，” *Railway Magazine*，Volume 7 (July-December，1900)，520－521.
13. “To Sunny Italy by the Rome Express.”
14. Philip Unwin，*Travelling by Train in the Edwardian Age* (London：George Allen & Unwin，1979)，90.
15. Chris de Winter Hebron，*Dining at Speed: A Celebration of 125 Years of Railway Catering* (Kettering：Silver Link，2004)，38－39.
16. Unwin，*Travelling by Train in the Edwardian Age*，90.
17. Ibid.，51.
18. Joseph Husband，*The Story of the Pullman Car* (Chicago：A.C.

McClurg & Co.,1917), 67.

19. "Pullman Dining Cars: A Trial Trip on the English Midland Railway," *The New York Times*, July 19, 1882, www.nytimes.com (accessed May 21, 2013).
20. Christian Wolmar, *Blood*, *Iron*, *and Gold* (New York: Public Affairs, 2010),260 - 261.
21. Francis E. Clark, *The Great Siberian Railway: What I Saw on My Journey* (London: S.W. Partridge and Co., 1904), http://www.archive.org/stream/greatsiberianrai 00clariala/greatsiberianrai00clariala_djvu.txt (accessed March 12, 2013).

第四章

1. Chris de Winter Hebron, *Dining at Speed: A Celebration of 125 Years of Railway Catering* (Kettering: Silver Link, 2004), 12.
2. Lynne Withey, *Grand Tours and Cook's Tours: A History of Leisure Travel 1750 - 1915* (New York: William Morrow, 1997), 314 - 315.
3. *Railway Magazine*, Volume 7 (July-December 1900), 520 - 521.
4. Roger H. Grant, *We Took the Train* (DeKalb: Northern Illinois University Press, 1990), xxiv.
5. Stephen Fried, *Appetite for America: How Visionary Businessman Fred Harvey Built a Railroad Hospitality Empire That Civilized the Wild West* (New York: Bantam Books, 2010), 392.
6. Lucius Morris Beebe, *Mr. Pullman's Elegant Palace Car* (New York: Doubleday, 961), 13.
7. http://www.gngoat.org/17th_page.htm (accessed August 9, 2013).
8. Whithey, *Grand Tours and Cook's Tours*, 190.
9. George Moerlein, *A Trip Around the World* (Cincinnati: M&R Burgheim, 1886), 24 - 25.
10. New York Public Library Menu Collection, http://menus.nypl.org/menu_pages/10262 (accessed August 10, 2013).

11. Andrew Smith，*American Tuna: The Rise and Fall of an Improbable Food*（Berkeley：University of California Press，2012），21－35.
12. Lowell Edmunds，*Martini*，*Straight Up: The Classic American Cocktail*（Baltimore：Johns Hopkins University Press，1998），xix.
13. Lucius Beebe，*Mansions on Rails: The Folklore of the Private Railway Car*（Berkeley，CA：Howell-North，1959），20－21.
14. Beebe，*Mansions*，17.
15. Ibid.，205－6.
16. Ibid.，20.
17. Beebe，*Mr. Pullman*，352.
18. Rufus Estes，*Good Things to Eat*，*As Suggested by Rufus*（Chicago：The Author，ca. 1911）；Feeding America，http://digital.lib.mus.edu，5－7.
19. Ibid.，68.
20. Ibid.，49－50.
21. Ibid.，8.
22. Ibid.，49－50.
23. Ibid.，21.
24. Ibid.，92.
25. Ibid.，40.
26. Ibid.，31－33.
27. Ibid.，38.
28. Ibid.，103－30.

第五章

1. Harvey Levenstein，*Revolution at the Table: The Transformation of the American Diet*（New York：Oxford University Press，1988），141.
2. Christian Wolmar，*Blood*，*Iron and Gold*（New York：Public Affairs，2010），284.

3. Peter M. Kalla-Bishop and John W. Wood, *The Golden Years of Trains: 1830 - 1920* (New York: Crescent Books, in association with Phoebus, 1977), 98.
4. Wolmar, *Blood, Iron and Gold*, 284.
5. Kalla-Bishop and Wood, *The Golden Years of Trains*, 102.
6. Gay Morris, "Dance: 'Le Train Bleu' Makes a Brief Stopover," *The New York Times*, March 4, 1990, http://www.nytimes.com/1990/03/04/arts (accessed August 9, 2013).
7. Ibid.
8. "Foreign News: Orient Express," *Time*, April 29, 1935. www.time.com (accessed September 10, 2013).
9. W.M. Acworth, *The Railways of England* (London: John Murray, 1889), 231 - 232.
10. Shirley Sherwood, *Venice Simplon Orient-Express: The Return of the World's Most Celebrated Train* (London: Weidenfeld & Nicolson, 1983), 48 - 49.
11. Beverley Nichols, *No Place Like Home* (London: Jonathan Cape, 1936), 47.
12. Ibid., 55 - 56.
13. Malcolm W. Browne, "The 20th Century Makes Final Run," *The New York Times*, December 3, 1967. www.nytimes.com/archives (accessed September 19, 2013).
14. Karl Zimmerman, *20th Century Limited* (St. Paul, MN: MBI Publishing Company, 2002), 32.
15. Ibid., 54 - 56.
16. Lucius Beebe, *20th Century: The Greatest Train in the World* (Berkeley, CA: Howell-North, 1962), 82.
17. Michael L. Grace, "The Twentieth Century Limited," http: www.newyorksocialdiary.com (accessed September 10, 2013).
18. H. Roger Grant, *We Took the Train* (DeKalb: Northern Illinois

University Press，1990)，xviii.

19. Chris de Winter Hebron，*Dining at Speed: A Celebration of 125 Years of Railway Catering* (Kettering：Silver Link，2004)，79.
20. Ibid.，80.
21. Jenifer Harvey Lang，ed.，*Larousse Gastronomique* (New York：Crown，1990)，93.
22. Western Pacific Railroad Dining Car Menu [19—]，California State Railroad Museum Library. www.sacramentohistory.org (accessed September 26，2013).
23. Andrew Smith，ed.，*The Oxford Encyclopedia of Food and Drink in America* (New York：Oxford University Press，2004)，Volume 2，32.
24. “3.2% Beer，” National Institute on Alcohol Abuse and Alcoholism，http://lcoholpolicy.niaaa.nih.gov/3_2_beer_2.html (accessed September 25，2013).
25. Levenstein，*Revolution at the Table*，153，197 - 198.
26. Marc Frattasio，*Dining on the Shore Line Route: The History and Recipes of the New Haven Railroad Dining Car Department* (Lynchburg，VA：TLC Publishing，2003)，17.
27. Beebe，*20th Century*，89.
28. “Streamliner Train：City of Denver，” *Denver Post*，http://blogs.denverpost.com/ibrary/2013/06/12/union-pacifics-city-of-denver-streamliner-train/8643/ (accessed September 26，2013).
29. “Little Nugget，” American Southwestern Railway Association，Inc.，http://www.mcscom.com/asra/nugget.htm (accessed September 26，2013).
30. Patricia Herlihy，*Vodka: A Global History* (London：Reaktion Books，2012)，8 - 70.
31. Joseph M. Carlin，*Cocktails: A Global History* (London：Reaktion Books，2012)，8 - 79.

32. Herlihy，*Vodka*，78－79.

33. *Railway Age*，February 16，1924，76－77，www.foodtimeline.org/restaurants.html#childmenus（accessed August 15，2013）.

第六章

1. John H. White Jr.，*The American Railroad Passenger Car*（Baltimore：Johns Hopkins University Press，1978），341.
2. Ibid.，311－312.
3. H. Roger Grant，*We Took the Train*（DeKalb：Northern Illinois University Press，1990），xiii.
4. Christian Wolmar，*Blood*，*Iron*，*and Gold*（New York：Public Affairs，2010），286.
5. White，*The American Railroad Passenger Car*，357.
6. Karl Zimmerman，*20th Century Limited*（St. Paul，MN：MBI Publishing Com any，2002），80.
7. White，*The American Railroad Passenger Car*，320－338.
8. *Railway Gazette*，December 9，1887，796，www.books.google.com（accessed August 12，2013）.
9. Jerry Thomas，*How to Mix Drinks*，*or The Bon-Vivant's Companion*（New York：Dick & Fitzgerald，1862），105.
10. Lucius Morris Beebe，*Mr. Pullman's Elegant Palace Car*（New York：Doubleday，1961），269.
11. Chris de Winter Hebron，*Dining at Speed: A Celebration of 125 Years of Railway Catering*（Kettering：Silver Link，2004），51－75.
12. Ibid.，76.
13. Marc Frattasio，*Dining on the Shore Line Route*（Lynchburg，VA：TLC Publishing，2003），17－21.
14. H. Roger Grant，*Railroads and the American People*（Bloomington：Indiana University Press，2012），24.
15. William A. McKenzie，*Dining Car Line to the Pacific*（St. Paul：

Minnesota Historical Society Press，1990)，71－72.

16. Sacramento History Online，*Southern Pacific Bulletin*，www.sacramentohistory.org (accessed September 17，2013).
17. E.H. Cookridge，*Orient Express: The Life and Times of the World's Most FamousTrain* (New York：Random House，1978)，102.
18. Pennsylvania Railroad，*The Pennsylvania Railroad Dining Car Department*，*Instructions*，1938.
19. Frattasio，*Dining on the Shore Line Route*，67.
20. Ibid.，32.
21. David P. Morgan，“Troop Train，” in *We Took the Train*，ed. H. Roger Grant (DeKalb：Northern Illinois University Press，1990)，143.
22. James D. Porterfield，*Dining by Rail: The History and Recipes of America's Golden Age of Railroad Cuisine* (New York：St. Martin's Press，1993)，108－109.
23. Stephen Fried，*Appetite for America: How Visionary Businessman Fred Harvey Built a Railroad Hospitality Empire That Civilized the Wild West* (New York：Bantam Books，2010)，370－372.
24. Lesley Poling-Kempes，*The Harvey Girls: Women Who Opened the West* (New York：Paragon House，1989)，192－195.
25. Fried，*Appetite for America*，377－378.
26. Porterfield，*Dining by Rail*，109.
27. Frattasio，*Dining on the Shore Line Route*，36.
28. Grant，*Railroads and the American People*，148.
29. Ibid.，71－72.
30. Grant，*We Took the Train*，142.

第七章

1. Karl Zimmerman，*20th Century Limited* (St. Paul，MN：MBI Publishing Company，2002)，97.
2. “New Hopes & Ancient Rancors，” *Time*，September 27，1948，

www.time.com (accessed November 12, 2013).

3. Zimmerman, *20th Century Limited*, 114 – 115.
4. Ibid., 116.
5. Jaroslav Pelikan, "Flying Is for the Birds," *Cresset*, Volume 21, Number 10 (October 1958), 6 – 9, www.thecresset.org (accessed November 12, 2013).
6. Marc Frattasio, *Dining on the Shore Line Route* (Lynchburg, VA: TLC Publishing, 2003), 50 – 55.
7. George O. Shields, *Recreation*, Volume 10 (1899).
8. 1966 Magazine Ad for Fernando Lamas Hawks Heublein Cocktails.
9. New Haven Railroad Historical and Technical Association, www.nhrhta.org (accessed October 17, 2013).
10. "Meal-A-Mat on Central Opens New Era," *Headlight*, Volume 24, Number 2 (October-November, 1963), 5, http://www.canadasouthern.com/caso/headlight/ images/headlight-1063 (accessed November 12, 2013).
11. Ed Ruffing, "Central Replaces Sterling with Nickel," *Utica Daily Press*, September 21, 1963, 1.
12. "Meal-A-Mat," Editorial, *Nunda News* (Nunda, Livingston County, New York), October 1963.
13. Thomas Rawlins, "Dining Cars: They're Going out of Style," *St. Petersburg Times*, October 27, 1963,
14. Zimmerman, *20th Century Limited*, 114.
15. Lucius Beebe, *Mansions on Rails: The Folklore of the Private Railway Car* (Berkeley, CA: Howell-North, 1959), 25, 361.
16. Virginia City Private Railcar History, http://www. vcrail. com/vchistory_railcars .htm (accessed November 12, 2013).
17. Beebe, *Mansions*, 211 – 212, 371.
18. Ian Fleming, *From Russia with Love* (New York City: MJF Books, 1993), 200 – 217.

19. “Europe: Off Goes the Orient Express,” *Time*, October 31, 1960, www.time.com (accessed November 13, 2013).

20. “Travel: Luxury Abroad,” *Time*, June 29, 1962. www.time.com (accessed November 13, 2013).

21. Joseph Wechsberg, “Take the Orient Express,” *New Yorker*, April 22, 1950, 83 - 94, http://www.josephwechsberg.com/html/wechsberg-new_yorker-articles (accessed November 13, 2013).

22. Joseph Wechsberg, “Last Man on the Orient Express,” *Saturday Review*, March 17, 1962, 53-55, http://www.unz.org/Pub/SaturdayRev-1962 (accessed November 13, 2013).

23. Pelikan, “Flying Is for the Birds.”

24. Wolfgang Schivelbusch, *The Railway Journey: The Industrialization of Time and Space in the 19th Century* (Berkeley: University of California Press, 1986), 12 - 14.

25. Railroad Museums Worldwide, www.railmuseums.com (accessed November 13, 2013).

26. Sacramento History Online, www.sacramentohistory.org, (accessed November 13, 2013).

27. Napa Valley Wine Train, www.winetrain.com (accessed November 13, 2013).

28. The Ice Cream Train, www.newportdinnertrain.com (accessed November 13, 2013).

29. Railroad Museum of Pennsylvania, www.rrmuseumpa.org (accessed November 13, 2013).

30. Bluebell Railway, www.bluebell-railway.com/golden-arrow (accessed November 13, 2013).

31. The East Lancashire Railway, www.eastlancsrailway.org.uk (accessed November 13, 2013).

32. Wayne Drehs, “All Aboard! Gamecocks Tailgate in Style,” www.espn.go.com (accessed November, 13, 2013).

33. Katherine Shaver, "Private Rail Car Owners Enjoy Yacht on Tracks," *Washington Post*, September 1, 2011, http://www.washingtonpost.com (accessed November 13, 2013).
34. Train Chartering Rail Charters, Luxury & Private Train Hire, www.trainchartering.com (accessed November 13, 2013).
35. Shirley Sherwood, *Venice Simplon Orient-Express: The Return of the World's Most Celebrated Train* (London: Weidenfeld & Nicolson, 1983), 9.

参考文献

书籍

Acworth, W. M. *The Railways of England* (London: John Murray, 1889).

Allen, Geoffrey Freeman. *Railways of the Twentieth Century* (New York: W.W. Norton, 1983).Barsley, Michael. *The Orient Express: The Story of the World's Most Fabulous Trai* (New York: Stein and Day, 1967).

Beebe, Lucius. *Mansions on Rails: The Folklore of the Private Railway Car* (Berkeley CA: Howell-North, 1959).

———. *20th Century: The Greatest Train in the World* (Berkeley, CA: Howell-North, 1962).

Beebe, Lucius Morris. *High Iron: A Book of Trains* (New York: D. Appleton-Centur Co., 1938).

———. *Mr. Pullman's Elegant Palace Car* (New York: Doubleday, 1961).

Beebe, Lucius Morris, and Charles Clegg. *Hear the Train Blow: A Pictorial Epic o America in the Railroad Age* (New York: Dutton, 1952).

———. *The Age of Steam: A Classic Album of American Railroading* (New York Rinehart, 1957).

———. *The Trains We Rode* (Berkeley, CA: Howell-North Books,

1965 - 1966).

Behrend, George. *Luxury Trains from the Orient Express to the TGV* (New York Vendome Press, 1982).

Boddam-Whetham, & John Whetham. *Western Wanderings: A Record of Travel in the Evening Land* London: Spottiswoode and Co., 1874).

Burton, Anthony. *The Orient Express: The History of the Orient Express Service from 1883 to 1950* (Edison, NJ: Chartwell Books, 2001).

Burton, David. *The Raj at Table* (London: Faber and Faber, 1994).

Carlin, Joseph M. *Cocktails: A Global History* (London: Reaktion Books, 2012).

Chevalier, Michel. *Society, Manners, and Politics in the United States*. Edited and with an Introduction by John William Ward (Ithaca, NY: Cornell University Press, 1961). Originally published in 1840.

Christie, Agatha. *Murder on the Orient Express* (Toronto: Bantam Books, 1983).

Clark, Francis E. *The Great Siberian Railway: What I Saw on My Journey* (London: S.W. Partridge and Co., 1904).

Colquhoun, Kate. *Murder in the First-Class Carriage* (New York: Overlook Press, 2011).

Cookridge, E.H. *Orient Express: The Life and Times of the World's Most Famous Train* (New York: Random House, 1978).

Coward, Noel. *Quadrille: A Romantic Comedy in Three Acts* (New York: Doubleday, 1955).

Denby, Elaine. *Grand Hotels* (London: Reaktion Books, 1998).

Dickens, Charles. *The Uncommercial Traveller* (New York: President Publishing Company, n.d.).

Drabble, Dennis. *The Great American Railroad War* (New York: St. Martin's Press, 2012).

Edmunds, Lowell. *Martini, Straight Up: The Classic American Cocktail* (Baltimore: Johns Hopkins University Press, 1998).

Fleming, Ian. *From Russia with Love* (New York: MJF Books, 1993).

Foster, George. *The Harvey House Cookbook: Memories of Dining along the Santa Fe Railroad* (Atlanta: Longstreet Press, 1992).

Frattasio, Marc. *Dining on the Shore Line Route: The History and Recipes of the New Haven Railroad Dining Car Department* (Lynchburg, VA: TLC Publishing, 2003).

Fried, Stephen. *Appetite for America: How Visionary Businessman Fred Harvey Built a Railroad Hospitality Empire That Civilized the Wild West* (New York: Bantam Books, 2010).

Goodman, Matthew. *Eighty Days: Nellie Bly and Elizabeth Bisland's History-Making Race Around the World* (New York: Ballantine Books, 2013).

Grant, H. Roger. *We Took the Train* (DeKalb: Northern Illinois University Press, 1990).

———. *Railroads and the American People* (Bloomington: Indiana University Press, 2012).

Greco, Thomas. *Dining on the B&O: Recipes and Sidelights from a Bygone Age*. (Baltimore: Johns Hopkins University Press, 2009).

Greene, Graham. *Stamboul Train* (New York: Penguin Books, 1932).

Haber, Barbara. *From Hardtack to Home Fries: An Uncommon History of American Cooks and Meals* (New York: Free Press, 2002).

Hamilton, Michael. *Down Memory Line* (Leitrim, Ireland: Drumlin, 1997).

Harper, Hill. *The Wealth Cure: Putting Money in Its Place* (New York: Penguin Group, 2012).

Hebron, Chris de Winter. *Dining at Speed: A Celebration of 125 Years of Railway Catering* (Kettering: Silver Link, 2004).

Herlihy, Patricia. *Vodka: A Global History* (London: Reaktion Books, 2012).

Hollister, Will C. *Dinner in the Diner: Great Railroad Recipes of All*

Time（Los Angeles：Trans-Anglo Books，1967）.

Hudson，T.S. *A Scamper Through America or，Fifteen Thousand Miles of Ocean and Continent in Sixty Days*（London：Griffith & Farran，1882）.

Husband，Joseph. *The Story of the Pullman Car*（Chicago：A. C. McClurg & Co.，1917）.

James，Henry. *The American Scene*（New York：Harper & Brothers，1907）.

Kalla-Bishop，Peter M.，and John W. Wood. *The Golden Years of Trains: 1830 – 1920*（New York：Crescent Books，in association with Phoebus，1977）.

Katz，Solomon，ed. *Encyclopedia of Food and Culture*（New York：Charles Scribner's Sons，2003）.

Kerr，Michael，ed. *Last Call for the Dining Car: The Telegraph Book of Great Railway Journeys*（London：Aurum，2009）.

King，Moses. *King's Handbook of New York City: An Outline History and Description of the American Metropolis*（Boston：Moses King，1892）.

Kornweibel，Theodore. *Railroads in the African American Experience: A Photographic Journey*（Baltimore：Johns Hopkins University Press，2010）.

Lang，Jenifer Harvey，ed. *Larousse Gastronomique*（New York：Crown Publishers，1990）.

Levenstein，Harvey，*Revolution at the Table: The Transformation of the American Diet*（New York：Oxford University Press，1988）.

———. *Paradox of Plenty: A Social History of Eating in Modern America*（New York ：Oxford University Press，1993）.

Leyendecker，Liston Edgington. *Palace Car Prince: A Biography of George Mortimer Pullman*（Niwot：University Press of Colorado，1992）.

Lovegrove, Keith. *Railroad: Identity, Design and Culture* (New York: Rizzoli, 2005).

Loveland, Jim. *Dinner Is Served: Fine Dining Aboard the Southern Pacific* (San Marino, CA: Golden West Books, 1996).

Macaulay, James. *Across the Ferry: First Impressions of America and Its People* (London: Hodder and Stoughton, 1884).

Marshall, James. *Santa Fe: The Railroad That Built an Empire* (New York: Random House, 1945).

Martin, Albro. *Railroads Triumphant: The Growth, Rejection, and Rebirth of a Vital American Force* (New York: Oxford University Press, 1992).

Marryat, Frederick. *A Diary in America, with Remarks on Its Institutions*. Edited with notes and an introduction by Sydney Jackman (New York: Alfred A. Knopf, 1962). Originally published in 1839.

McKenzie, William A. *Dining Car Line to the Pacific* (St. Paul: Minnesota Historical Society Press, 1990).

Mencken, August. *The Railroad Passenger Car* (Baltimore and London: Johns Hopkins University Press, 2000).

Moerlein, George. *A Trip Around the World* (Cincinnati: M&R Burgheim, 1886).

Monkswell, Robert Alfred Hardcastle Collier. *French Railways* (London: Smith, Elder & Co., 1911).

Murray, John. *Murray's Handbook to London as It Is* (London: J. Murray, 1879).

Nichols, Beverley. *No Place Like Home* (London: Jonathan Cape Ltd., 1936).

Pennsylvania Railroad. *The Pennsylvania Railroad Dining Car Department, Instructions*. (Philadelphia: Pennsylvania Railroad, Dining Car Department, 1938).

Pham，John-Peter. *Heirs of the Fisherman: Behind the Scenes of Papal Death and Succession*（London：Oxford University Press，2006）.

Poling-Kempes，Lesley. *The Harvey Girls: Women Who Opened the West*（New York：Paragon House，1989）.

Porterfield，James D. *Dining by Rail: The History and Recipes of America's Golden Age of Railroad Cuisine*（New York：St. Martin's Press，1993）.

Rae，W.F. *Westward by Rail: The New Route to the East*（London：Longmans，Green，and Co.，1870）.

Schivelbusch，Wolfgang. *The Railway Journey: The Industrialization of Time and Space in the 19th Century*（Berkeley：University of California Press，1986）.

Shaw，Timothy. *The World of Escoffier*（New York：Vendome Press，1995）.

Sherwood，Shirley. *Venice Simplon Orient-Express: The Return of the World's Most Celebrated Train*（London：Weidenfeld & Nicolson，1983）.

Simmons，Jack. *The Victorian Railway*（London：Thames and Hudson，1991）.

Smith，Andrew. *American Tuna: The Rise and Fall of an Improbable Food*（Berkeley：University of California Press，2012）.

Smith，Andrew，ed. *The Oxford Encyclopedia of Food and Drink in America*（New York：Oxford University Press，2004）.

Société nationale des chemins de fer français. *Les Plats régionaux des buffets gastronomiques*. Introduction by Curnonsky（Paris：Chaix，1951）.

Thomas，Jerry. *How to Mix Drinks，or The Bon-Vivant's Companion*（New York：Dick & Fitzgerald，1862）.

Trollope，Anthony. *He Knew He Was Right*（London：Penguin Books，1994）.

Unwin, Philip. *Travelling by Train in the Edwardian Age* (London: George Allen & Unwin, 1979).

White, John H. Jr. *The American Railroad Passenger Car* (Baltimore: Johns Hopkins University Press, 1978).

Withey, Lynne. *Grand Tours and Cook's Tours: A History of Leisure Travel, 1750 - 1915* (New York: William Morrow and Company, 1997).

Wolmar, Christian. *Blood, Iron, and Gold* (New York: Public Affairs, 2010).

Zimmerman, Karl. *20th Century Limited* (St. Paul, MN: MBI Publishing Company, 2002).

期刊

Nunda News, "Meal-A-Mat," Nunda, Livingston County, New York. Thursday, October, 1963.

Rawlins, Thomas. "Dining Cars: They're Going out of Style." *St. Petersburg Times*, October 27, 1963.

Recreation Magazine, Volume 10, 1899 (New York: G.O. Shields, 1899).

Ruffing, Ed. "Central Replaces Sterling with Nickel." *Utica Daily Press*, Saturday, September 21, 1963.

Wechsberg, Joseph. "The World of Wagon-Lits." *Gourmet*, June 1970.

———. "The Great Blue Train." *Gourmet*, March 1971.

网络

Ad. 1966. Fernando Lamas Hawks Heublein Cocktails. www.ebay.com. Accessed December 10, 2013.

The American Magazine. Volume 85, 1918, 144. www.babel.hathatrust.org. Accessed April 14, 2013.

American Southwestern Railway Association, Inc. "Little Nugget."

http://www.mcscom.com/asra/nugget.htm. Accessed September 26, 2013.

Beebe, Lucius. “Purveyor to the West.” *American Heritage Magazine* 18, no. 2 (February 1967). http://www.americanheritage.com. Accessed May 6, 2013.

Bluebell Railway. www.bluebell-railway.com/golden-arrow. Accessed November 13, 2013.

Browne, Malcolm W. “The 20th Century Makes Final Run.” *The New York Times*, December 3, 1967. www.nytimes.com archive. Accessed September 19, 2013.

Central Pacific Railroad Photographic History Museum. “Across the Continent. From the Missouri to the Pacific Ocean by Rail.” *The New York Times*, June 28, 1869. www.cprr.org. Accessed April 10, 2013.

Cook, Thomas. *Cook's Excursionist*, August 28, 1863. In *Oxford Dictionary of National Biography*, 2013. www.oup.com/oxforddnb/info. Accessed April 5, 2013.

Denver Post. “Streamliner Train: City of Denver.” http://blogs.denverpost.com/library/2013/06/12/union-pacifics-city-of-denver-streamliner-train/8643/. Accessed September 26, 2013.

Dictionary of Victorian London. www.victorianlondon.org. Accessed May 21, 2013.

Drehs, Wayne. “All Aboard! Gamecocks Tailgate in Style.” www.espn.go.com. Accessed November 13, 2013.

The East Lancashire Railway. www.eastlancsrailway.org.uk. Accessed November 13, 2013.

Estes, Rufus. *Good Things to Eat, As Suggested by Rufus* (Chicago: The Author, c. 1911). Feeding America. http://digital.lib.mus.edu. Accessed August 6, 2013.

Grace, Michael L. “The Twentieth Century Limited.” http://www.

newyorksocialdiary.com. Accessed September 10, 2013.

Headlight. "Meal-A-Mat on Central Opens New Era," 24, no. 2 (October - November 1963). http://www.canadasouthern.com/caso/headlight/images/headlight-1063.pdf. Accessed April 8, 2014.

The Ice Cream Train. www.newportdinnertrain.com. Accessed November 13, 2013.

Janin, Jules. *The American in Paris* (Paris: Longman, Brown, Green, and Longmans, 1843). www.books.google.com. Accessed April 25, 2013.

Kinsella, Lucy. "Chicago Stories: Pullman Porters: From Servitude to Civil Rights." Window to the World Communications. www.wttw.com. Accessed April 10, 2013.

MacKay, Charles. *Life and Liberty on America: Sketches of a Tour in the United States and Canada in 1857-1958* (London: Smith, Elder and Co., 1859). www.books.google.com. Accessed April 5, 2013.

Morris, Gay. "Dance: 'Le Train Bleu' Makes a Brief Stopover." *The New York Times*, March 4, 1990. http://www.nytimes.com/1990/03/04/arts. Accessed August 9, 2013.

Mulligan, Terence. "The Delights of Pullman Dining USA, 1866 - 1968." Pullman Car Services Supplement Edition, April 2007. www.semgonline.com. Accessed April 9, 2013.

Napa Valley Wine Train. www.winetrain.com. Accessed November 13, 2013.

National Institute on Alcohol Abuse and Alcoholism. "3.2% Beer." http://alcohol policy.niaaa.nih.gov/3_2_beer_2.html. Accessed September 25, 2013.

New Haven Railroad Historical and Technical Association. www.nhrhta.org. Accessed October 17, 2013.

New York Public Library Menu Collection. http://menus.nypl.org/menu. Accessed April 24, 2013.

The New York Times. “Paderewski Chef Quits Pullman Job.” January 3, 1928. www.nytimes.com. Accessed April 10, 2013.

———. “Pullman Dining Cars: A Trial Trip on the English Midland Railway.” From the *London News*, July 8. July 19, 1882. www.query.nytimes.com. Accessed May 21, 2013.

———. “Spies on Pullman Cars.” February 6, 1886. www.nytimes.com. Accessed April 10, 2013.

Pelikan, Jaroslav. “Flying Is for the Birds.” *The Cresset* 21, no. 10 (October 1958): 6 - 9. www.thecresset.org. Accessed November 12, 2013.

Pullman State Historic Site. www.pullman-museum.org. Accessed March 26, 2013.

Railroad Museum of Pennsylvania. www.rrmuseumpa.org. Accessed November 13, 2013.

Railroad Museums Worldwide. www.railmuseums.com. Accessed November 13,2013.

Railway Age. February 16, 1924, 76 - 77. www.foodtimeline.org/restaurants.html#childmenus. Accessed August 15, 2013.

Railway Gazette. December 9, 1887, 796. http://www.books.google.com. Accessed August 12, 2013.

Railway Magazine. December 1897. “To Sunny Italy by the Rome Express: An Account of the First Journey by a Passenger.” http://books.google.com. Accessed May 20, 1013.

Sacramento History Online. “*Southern Pacific Bulletin*.” www.sacramentohistory.org. Accessed September 17, 2013.

Sekon, G.A., ed. *Railway Magazine* 7 (July-December, 1900): 520 - 521. http://books.google.com. Accessed August 9, 2013.

Shaver, Katherine. “Private Rail Car Owners Enjoy Yacht on Tracks.” *Washington Post*, September 1, 2011. http://www.washingtonpost.com. Accessed November 13, 2013.

T.F.R. *Railway Magazine*. "The Pleasures of the Dining-Car," Vol. 7 (July-December, 1900): 520 - 521. http://books. google. com. Accessed May 21, 2013.

Time. "Europe: Off Goes the Orient Express." October 31, 1960. www. time.com. Accessed May 21, 2013.

———. "Foreign News: Orient Express." April 29, 1935. www. time. com. Accessed September 10, 2013.

———. "New Hopes & Ancient Rancors." September 27, 1948. www. time.com. Accessed November 12, 2013.

———. "Travel: Luxury Abroad." June 29, 1962. www. time. com. Accessed November 13, 2013. Train Chartering Rail Charters. Luxury and private train hire. www.trainchartering.com. Accessed November 13, 2013.

United States Patent Office. Patent No. 89, 537, April 27, 1869. www. uspto.gov. Accessed April 10, 2013.

University of Nevada, Las Vegas. http://digital. library. univ. edu/ objects/menus. Accessed January 29, 2013.

Virginia City Private Railcar History. http://www.vcrail.com/vchistory_railcars.htm. Accessed November 12, 2013.

Wechsberg, Joseph. "Last Man on the Orient Express." *The Saturday Review*, March 17, 1962, 53 - 55. http://www. unz. org/Pub/ SaturdayRev - 1962. Accessed November 13, 2013.

———. "Take the Orient Express," *The New Yorker*, April 22, 1950, 83 - 94. http://www.josephwechsberg.com/html/wechsberg-new_yorker-articles. Accessed November 13, 2013.

Western Pacific Railroad Dining Car Menu [19 -]. California State Railroad Museum Library. www. sacramentohistory. org. Accessed September 26, 2013.

致　谢

没有人能独自完成一本书。 xi

朋友和熟人们会剪辑相关的新闻，推荐书籍，并针对这个主题讲述他们自己的故事。他们的想法常会带来新的探索方向，纠正错误的观念，使作品比原来更好。他们中的许多人很可能不知道自己为这本书做出了贡献。他们可能只是顺口一说，随即便抛之脑后。但这句话可能打开了新的大门，对作者产生了重大影响。

其他人则发挥了更直接的作用，提供照片和食谱，阅读草稿，纠正错误，提出修改意见。即使我们意见相左，批评也有帮助，值得感激。

凯莉·克拉夫林(Kyri Claflin)可说是本书的教母，正是她向我推荐了这个项目。多年来，凯莉的智慧、鼓励和支持一直是我力量的源泉。在此向她致以特别的谢意。

丛书编辑肯·阿尔巴拉(Ken Albala)对食物、历史和生活的无限热情，让与他共事成为一种乐趣。

托马斯·瑞安神父(Br. Thomas Ryan)丰富的火车知识使我走上正轨，并帮助我免于脱轨。在此向他和介绍我们认识的帕特·凯利(Pat Kelly)致谢。

感谢萝兹·卡明斯(Roz Cummins)关于其母亲的普尔曼火车玩具的回忆,也感谢她的朋友夏洛特·霍尔特(Charlotte Holt)为我拍摄了玩具的照片。其他慷慨提供照片的人包括：托马斯·库克英国和爱尔兰公司(Thomas Cook UK & Ireland)的档案管理员保罗·史密斯(Paul Smith);巴黎蓝火车餐厅的卡莲·柯西亚(Carine Corcia);佛罗伦萨历史协会和哈维家园博物馆的菲比·简森(Phoebe Janzen);多佛出版社(Dover Books)的乔安·施文德曼(Joann Schwendemann);密苏里州立大学的安妮·M.贝克(Anne M. Baker)和香侬·茂希尼(Shannon Mawhiney);斯特拉斯堡铁道博物馆的史黛西·柏林格(Stacey Bollinger);威尼斯辛普隆东方快车的阿曼达·凯斯基(Amanda Caskey);以及凯莉·克拉夫林。

加州葡萄干营销委员会(California Raisin Marketing Board)的琳达·斯特拉德利(Linda Stradley)、派翠西亚·凯利(Patricia Kelly)、吉尔·奥康纳(Jill O’Connor)和艾丽卡·佩吉特(Erika Paggett)都友好地提供了菜谱。

我还要感谢玛丽莲·阿尔蒂里(Marylène Altieri)、保拉·贝克尔(Paula Becker)、丹尼尔·布尔克(Daniel Bourque)、乔伊·卡林(Joe Carlin)、丹·科尔曼(Dan Coleman)、派翠西亚·弗拉赫蒂(Patricia Flaherty)、马克·弗拉塔西奥(Marc Frattasio)、帕特里夏·比克斯勒·雷伯(Patricia Bixler Reber)、林恩·施韦卡特(Lynn Schweikart)、南希·斯特兹曼(Nancy Stutzman)和芭芭拉·凯奇姆·惠顿(Barbara Ketcham Wheaton)为本书做出的种种贡献。

一如既往，没有我工作室成员的帮助，我无法完成这部书。在此感谢米尔娜·卡耶（Myrna Kaye）、萝伯塔·莱维顿（Roberta Leviton）、芭芭拉·门德（Barbara Mende）、雪莉·莫斯寇（Shirley Moskow）和露丝·耶苏（Rose Yesu）。

最后，我要感谢罗曼·利特菲尔德出版集团（Rowman & Littlefield）的编辑苏珊·斯塔扎克-席尔瓦（Suzanne Staszak-Silva）和助理编辑凯瑟琳·可尼格（Kathryn Knigge），感谢她们的大力协助。

图书在版编目(CIP)数据

“逛吃逛吃”：铁路美食的黄金时代 / (美)耶丽·昆齐奥著 ；陶小路译 .— 上海 ：上海社会科学院出版社，2024

书名原文 ：Food on the Rails ：The Golden Era of Railroad Dining

ISBN 978-7-5520-4175-0

Ⅰ.①逛… Ⅱ.①耶… ②陶… Ⅲ.①铁路运输—旅客运输—饮食—文化史—西方国家 Ⅳ.①TS971.201

中国国家版本馆 CIP 数据核字(2023)第 126509 号

版权登记号：09-2021-0825

“逛吃逛吃”：铁路美食的黄金时代

[美] 耶丽·昆齐奥(Jeri Quinzio) 著 陶小路 译
责任编辑：章斯睿
封面设计：黄婧昉
出版发行：上海社会科学院出版社
上海顺昌路 622 号 邮编 200025
电话总机 021-63315947 销售热线 021-53063735
http://www.sassp.cn E-mail:sassp@sassp.cn
排 版：南京展望文化发展有限公司
印 刷：上海颛辉印刷厂有限公司
开 本：890 毫米×1240 毫米 1/32
印 张：7.5
插 页：1
字 数：165 千
版 次：2024 年 1 月第 1 版 2024 年 1 月第 1 次印刷

ISBN 978-7-5520-4175-0/TS·017 定价：58.00 元